U0568437

拖延的理由千篇一律，自律的信念万里挑一

晓的枫 著

文匯出版社

图书在版编目 (CIP) 数据

拖延的理由千篇一律，自律的信念万里挑一 / 晓的
枫著 . — 上海 : 文汇出版社,2021.1
ISBN 978-7-5496-3383-8

Ⅰ . ①拖… Ⅱ . ①晓… Ⅲ . ①人生哲学－通俗读物
Ⅳ . ① B821-49

中国版本图书馆 CIP 数据核字 (2020) 第 227400 号

拖延的理由千篇一律，自律的信念万里挑一

著　　者 / 晓的枫
责任编辑 / 戴　铮
装帧设计 / 末末美书

出版发行 / 文匯出版社
　　　　　上海市威海路 755 号
　　　　　（邮政编码：200041）
经　　销 / 全国新华书店
印　　制 / 三河市龙林印务有限公司
版　　次 / 2021 年 1 月第 1 版
印　　次 / 2021 年 1 月第 1 次印刷
开　　本 / 880×1230　1/32
字　　数 / 117 千字
印　　张 / 7

书　　号 / ISBN 978-7-5496-3383-8
定　　价 / 38.00 元

珍惜时间，远离拖延

这是我的第二本书，距离上一本《生活需要断舍离》已经过去了一年。这一年生活虽然发生了不少变化，却也在更多方面止步不前，在指缝间，时间一直悄悄溜走。这也是我想写这本书的原因。

选择拖延这个主题，是因为它存在于我们学习、工作、生活的方方面面，让事情搁置，影响职场发展、生活质量，甚至人生轨迹。

有段时间，我也对拖延不以为然，认为这是小事，没什么大不了的。但随着年岁的增长，看着身边的小伙伴在事业上都有所建树，活出生命的精彩，我还在空想中蹉跎岁月，心中不免焦虑。

拖延，总在不经意间消耗你本就不多的时间，今天几分钟，明天几分钟，一年下来就是成百上千个小时，如果几十年呢？

这些被拖延白白浪费的时间，如果用来做一些有意义的事情，生命会不会更加精彩？人生会不会是另外一个样子？这是很多人没有想到，也不愿意主动考虑的。

我们总是处在时间太多可以肆意挥霍和总觉得时间不够用的矛盾中，每天忙忙碌碌、疲惫不堪，却又不知道干了什么，一直就在浑浑噩噩中过着一成不变的生活。

我们总是为自己的拖延找各种借口：环境不好，工作太累，努力也改变不了什么，劳逸结合才能事半功倍……

成功的人找方法，失败的人找借口。哪怕有再多听上去冠冕堂皇的理由，你都是一个不愿面对自己的失败者。浪费掉的，一直都是你的时间，不是别人的。

人最宝贵的是生命，生命属于人只有一次。人的一生应当这样度过：当他回首往事的时候，不会因为碌碌无为、虚度年华而悔恨，也不会因为为人卑劣、生活庸俗而愧疚。

是啊，多少人能真正做到这一点呢？又有多少人满意自己目前的状况呢？多少人看见别人比自己优秀可以坦然地说"我不羡慕他，就喜欢现在的状态"？
其实，你一直都在羡慕，只是不愿意改变。

　　事实上，改变拖延真的没有那么困难。只要相信
自己，勇于改变，从现在做起，从小事做起，每天进
步一点点，终有一天能够克服拖延，这个过程甚至不
会很长。

　　请相信，克服了拖延症，你将拥有想象不到的快
乐，实现自己梦寐以求的目标。都说生命是一条曲线，
它不在于长度而在于宽度，高效的人生注定是缤纷多
彩的。

晓的枫

2020 年 3 月 22 日

目　录

第一章

瘟疫：拖延
无处不在

➤ 满眼尽是最后的期限

拖延人档案：

花花，女，大学应届毕业生。

拖延现象： 学习的注意力不集中，三心二意，总被其他事情打扰，喜欢把学习拖到最后的期限。

拖延后果： 学习效率低下，作业完不成，考试考不过。

有首著名的歌谣这么唱："春天不是读书天，夏日炎炎真好眠，秋虫唧唧听不厌，收拾书包过新年。"

在该读书、该学习的年纪，一年四季总有各种理由不学习，挥霍大好时光，直到挥霍完了，才猛然想起自己的青春只有一片模糊。

这大概是很多人，也是我自己的真实写照。现在回头想想，真正认认真真学习的时间有多少？是不是平时就只是上上课，到了期末才想起来要认真复习？所谓平常不学习，临考抱佛脚。

就算真的想起来学习，周末起个大早去图书馆抢位子，整天泡在图书馆里，是不是学了一段时间效率就开始下降，自然而然地做起其他事情，以至于一天都没看多少书？

我甚至可以回忆出当时的场景：坐在图书馆里，看一会儿书就困了，出去买杯星巴克咖啡提提神。回到座位上，刷一遍微博，再刷一遍微信，刷着刷着就到了吃午饭的时间。

有时候，看着书就开始胡思乱想，想一切不切实际的东西，或者这里摸摸、那里动动，手机有动静就看一下，还要跟朋友聊两句，就是静不下心来看书、做题。等回过神来，已经过去了一小时，有时甚至是几个小时。

还有就是，充满激情地开始学习，却发现有些内容很难或者很枯燥，以至于进展缓慢、止步不前，干脆就去做别的事情。这是比较普遍的现象。

其实，这些都是拖延的症状。不管你是否愿意承认，事实上，每个人多少都有一点拖延的问题。如何避免拖延对人们学习和工作造成的负面影响，已经成为一个普遍存在且需要刻不容缓解决的问题。

考场门口，我看见花花又是一脸的沮丧。看样子，这次她又没有希望考取从业资格证书。照理说，这样的考试并不难，只要认真复习一般就能考过。当我得知她是怎么复习的后，顿时觉得她能考过才是奇迹。

周末，花花说要在家里看书复习考试内容，可是一觉睡到中午 12 点，起床叫个外卖，一边看剧一边吃，吃完已经是下午 2 点半了。然后，她开始收拾房间，刷手机，4 点终于坐定开始看书，但是一边看一边喝下午茶，吃小零食。

6 点，开始准备出去吃饭，说好 7 点回来，但稍微逛了下超市，采购了一些生活用品就到了 8 点半。累了休息一会儿，一觉睡到 10 点半，然后洗个澡开始看书，看到 12 点又要睡觉了。

花花原本一天要看 8 小时的书，现在能集中看 1 ～ 2 小时就很不错了。

本以为花花没有学习好，总能休息好了，实际上并没有。她心里总是装着要完成的任务，一整天下来，虽然睡了十多个小时还是感觉很疲惫。这样，宝贵的周末时间就在花花无所事事中过去了一半。

其实，花花这样的习惯由来已久。从学生时代起，她就开始拖延。

教师布置的暑假、寒假作业，明明可以一放假就做完，然后好好享受假期，她一定要每天坐在书桌前耗几个小时，却因为各种开小差写不了几个字。最后，实在来不及了，她就借同学的作业匆匆抄完，有时甚至连名字都原封不动地抄上去，害得好多同学一度不敢把作业借给她。

大学时期的课业不是很紧张，但每个学期期末要交一篇长篇文章。其他同学虽不是一开学就想着完成，至少也是学期结束前一个月就开始准备，早早写完，集中精力准备期末考试。

只有她总觉得时间还早，于是今天拖明天，明天拖后天，快期末考试时才匆匆完成。与其说是写，不如说是东拼西凑，文章内容一塌糊涂。因为时间不够，考试前她都没怎么复习，最后只能及格过线了事。

明日复明日，明日何其多。这样的学习态度和方法，一定会导致学习任务完不成的情况出现。

相对来说，学习较为简单、纯粹，如果没有养成良好的学习习惯，之后的工作、生活肯定也会是一团糟，到时候真的是万事成蹉跎了。

大概很多人都难以忘记考完试以后，对当时没有做出一些题目产生懊悔之情。学习时不认真、拖延，复习不到位，导致可以做对的题目在考试的时候做不出来或者做错了。

突出的表现是，高考时因为少一两分而与理想的学校失之交臂，那种痛心更别提了。

既然如此，为什么大多数人不敢直面问题，心甘情愿被拖入泥潭，而不愿稍微努力一下爬出来呢？是因为诱惑太多，意志力不够坚定，还是自己本来就不是学习的料？

不，是因为你没有强烈的学习渴望，没有想到刻苦学习能为你的未来带来什么，也没有清醒地认识到不学习会失去什么。

哈佛大学图书馆里有这样一句名言："此刻睡觉你将做梦，此刻学习你将圆梦。"

想一想自己的未来——进入理想的学府，找到满意的工作，遇到合适的人，最后走上人生巅峰。现在，你要做的就是努力学习。你损失的，只是周末睡懒觉的时间，看书时发呆、刷手机的时间，课后插科打诨、玩游戏、看剧的时间……有时候，真的要逼自己一把，否则你不会知道自己有多优秀。

看到这些，你还有什么理由不行动起来呢？

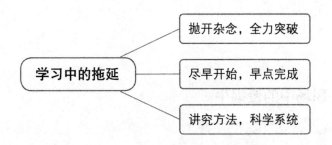

✔ **克服拖延小贴士：**

1.下定决心学习的时候，不要瞻前顾后，而是抛开一切杂念，用上所有的精力，高强度、重点突破。

2.不要想着把事情往后放能解决眼前时间不够的问题，越往后拖，时间会越来越不够用，你的整个精力都会被它占用。

3.学习讲究方式方法。更科学、更系统地学习，远比零散地学习效果好。

❯ 职场中的慢蜗牛

拖延人档案：

王颖，女，办公室初级职员。

拖延现象：迟迟进入不了工作状态，做一些与工作无关的事情，整天瞎忙；遇到难的任务就放在后面，不管重不重要。

拖延后果：工作任务总是完不成或草草完成，职位一直在原地踏步。

很多人到了年底都盼着升职加薪，但最终名单出来后，却发现自己总是与它失之交臂。

为什么呢？是自己不够努力吗？可是自己每天从早忙到晚，停下来喘口气的时间都没有。是跟公司领导和同事的关系不好吗？好像也不是，同事之间的话题，自己都积极参与了，领导那边也鞍前马后地服侍得妥妥帖帖。

思来想去，只有一个原因，那就是工作效率不高，领导交办的任务不能及时、有效地完成，常常是大错没有、小错不断。

这样的人，只有想干事的态度，没有干成事的能力，领导自然不喜欢，因为他没有给公司带来应有的价值，更别说创造价值了。这样的员工，虽不至于被开除，但升职加薪无望。

工作效率不高，很大程度上源于不经意间的拖延，每次想集中精力工作时，总有这样或那样的事情来打扰。

很多人遇到难的事情不愿意花费时间，习惯性地选择做简单的，但这样的事大多是低价值的，什么时候做都可以。

我想，职场人一定有过被一篇报告难到抓耳挠腮的经历。这时候，是硬着头皮往下写，还是做些其他事情分散精力呢？

很多人会选择后者，泡杯咖啡缓一缓心情，整理一下资料，问问同事该怎么写……等到自己重新坐下来，又要重新梳理写作思路了。

虽然每次做其他事情只会耽误一小会儿，但是对于一些需要深入思考的事情，打断后可能需要很久才能回过神来。

这里三分钟，那里五分钟，一小时很快就过去了。每天的工作时间一共就七八个小时，往往是一整天过去了，一件重要的事情都没有做完。

等到想起来要做时，发现时间不够用了，要不熬夜加班弄得自己精疲力尽，要不草草完成，因质量惨不忍睹被领导批评。

就拿王颖来说，她的一天基本上是这么度过的：早晨卡着点到办公室打卡，然后去楼下买早餐，舒舒服服吃好，十几分钟过去了；刚要坐定，突然想到要泡一杯咖啡提神，又耗去几分钟。

过了一会儿，同事们聊起有趣的话题，王颖忍不住凑上去，一聊就是半个多小时；聊完回到座位上，刚要开始工作，突然发现桌面乱糟糟的，整理东西又过去了十多分钟；这时手机响了，回了几条信息后开始习惯性地刷手机，刷着刷着就到了中午。

王颖想着，下午要该好好做些事情了。于是，她打开备忘录，开始认真做事。重要的事情肯定有一定的难度，才一会儿，她就叫起来："哎呀，好难呀，晚点儿再做好了。"于是，她把手头的工作放在一边，找些简单、琐碎但意义不大的事情先做。

下班前，王颖发现昨天记在备忘录上的一系列很重要的事情，一整天愣是一件都没有做完，多数时候是在做无用功。但是任务在那儿，有份重要的数据报表明天开会要用，有份方案明天要审议，只好加班到很晚。

第二天，王颖顶着厚重的黑眼圈来上班，直接影响到她的工作效率。

上午需要一小时就能完成的工作，愣是拖到晚上，每天如此循环往复还不自知，最后肯定一事无成。这就是为什么三年过去了，身边的同事都升了职、加了薪，只有王颖还在原来的职位上，领着微薄的薪水。

有同事提醒王颖："你这样拖延，工作效率太低了。"还跟她探讨其中的原因。她总是说："我很忙啊，你看我做了这么多事情。"

可是，她做的事没有一件跟工作有关，最重要的事反而放到最后。后来，同事也不提醒她了，丢下一句："你最大的本事就是一拖再拖，不改掉这个毛病，怎么能在职场上取得成绩呢？"

一拖再拖，不仅不是本事，在职场中反而是巨大的劣势，它拖的是自己完成工作的力度、提升能力的速度和职业发展的高度。就像一台拖拉机跟汽车、高铁、飞机赛跑，在不知不觉间就被远远地甩在后面，再也赶不上时代前进的步伐。

　　一位老板曾说："我从来不管员工上班时聊 QQ、刷手机，因为他们刷掉的不是公司的财产，而是自己的未来。"

　　是的，公司不会因为一两个人的工作效率低下而业绩明显下滑。相反，对员工来说，如果他总是工作效率不高，这是对自己前途的极大不负责，难以升职加薪不说，被辞退也是常有的事。

　　有时候，不是不忙，而是白忙；不是不努力，而是看起来很努力。不知不觉的拖延，不仅会让工作节奏缓慢，一天都没有做一点儿有意义的事情，还要被上司责备。我想，这一定不是大多数人想要的生活。

　　但很多人就是摆脱不了这样的魔咒，一不小心就会被更"精彩"的事物吸引。你的潜意识里，就觉得喝一口咖啡比眼前的工作重要，刷手机比手头的工作有趣，跟同事闲聊比窝在工位上干活来得实惠……无论做什么，只要不工作或者不现在工作就行。

　　可是工作不等人，任务总有个最后期限。报告要给客户了，数据还没核对好；产品要上线了，还有很多 bug 没修复；冲业绩的关键时刻，有一单生意的细节没沟通好导致谈不下来。怎么办？

　　这时候，除了硬着头皮上，还有别的办法吗？不过，很多事情是要花时间的，只好加班甚至通宵去做。事实上，很多加班是多余的、无效的，是把重要而不紧急的任务生生地变成重要且紧急、不得不完成的任务。

　　熬出了黑眼圈，不好受吧？上班萎靡不振、哈欠连天，也不好受吧？工作早晚都要做，为何不一开始就专注于眼前，抛开杂念？

　　节省下来的时间可以做很多有意义的事情，哪怕是完成了任务多休息，总比一直拖着疲惫的身躯要好。有了充足的时间和充分的准备，犯错误的概率也会下降很多。把工作做细，你在职场中的竞争力自然就会增强。

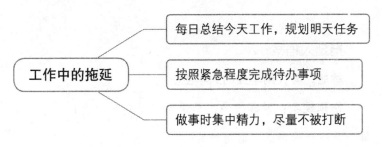

　　✔ 克服拖延小贴士：

　　1. 每天下班前，花些时间总结一下今天的工作，写一份明天需要完成的任务清单。

2.上班后，按照重要和紧急程度完成清单上的待办事项。完成一两件事，休息一会儿。

3.做事情时集中精力，中途不要因为其他问题被打断。完成重要事情时尽量用整段时间，进行深入思考；完成一般的任务，可用零碎的时间。

➤ 爱，是不是不开口才珍贵

拖延人档案：

林旭，男，刚毕业的大学生。

拖延现象：对喜欢的人总是不能下定决心表白，总是怕被拒绝，犹豫再三，瞻前顾后。

拖延后果：错过了表白的最佳时机，眼睁睁地看着心仪的女孩被别人追走，后悔莫及。

相信很多年轻男女在情窦初开的年纪，心里都住着一个心仪的人，在内心世界里爱得死去活来，上演了一万遍相知、相爱的场景，却在现实生活中连句招呼都不敢打，即所谓的单相思。

初次见面勾起的那一秒悸动，一颦一笑总是让人魂牵梦绕，洋洋洒洒写了万言情书，心里打了无数次草稿，在镜子面前练习了千万遍告白，但每次话到嘴边却说不出口，电话也是拿起又放下。

你不停地自我暗示：我还没有完全准备好，如果时间可以多一些，准备自然就能更充分些。你的行动始终没有跟上，而时间却在一次又一次的暗示中消逝。

最后，你终于鼓起勇气说出藏在心底很久的话，却发觉对方早已有了归宿。也许，对方也曾爱过你，期待听到那句"我爱你"，但因为等到累了、失望了，最终选择了别人。

还有一种情形，两个相爱的人因为某些小事吵了架，但谁都没有勇气先道歉，等着对方先来。等着等着，再也找不到温柔的理由，最后难免沦为最熟悉的陌生人。就像电影《前任3》里的孟云和林佳，相爱了5年，却在短短几天泯然为路人。

一而再、再而三的犹豫，错过了一次又一次浪漫的表白甚至是有效沟通，从而与心爱的人失之交臂，直到彻底失去时才追悔莫及。就像《大话西游》里的台词："曾经有一份真挚的爱情摆在我面前，而我没有好好珍惜，直到失去了才后悔莫及。"

就是因为自己的拖延，因为一些虚无缥缈、臆想中的理由，原本可以成就的一段美好感情甚至美妙姻缘就被毁了。人世间的痛苦莫过于此，是自己亲手葬送了幸福。

我想起了毕业那天，林旭失落的眼神、撕心裂肺的痛哭，以及在下着大雨的马路旁边那喝得不省人事的身影。

大一的时候，林旭喜欢上了同班的女生嘉美，也许这就是所谓的一见钟情。嘉美回眸一笑的瞬间，让林旭一下子就沦陷了。可人家是高高在上的女神，林旭连近距离接近她的机会都没有，更别说和她成为男女朋友了。

一次偶然的机会，做小组作业时，他俩被分在一起。乐于助人的林旭受到大家的欢迎，也包括嘉美。嘉美主动向林旭请教学术问题，林旭当然有问必答。一来一去，他俩就热络起来，逐渐成为朋友。他们称之为"坚定的革命友谊"，只有林旭知道，这是他爱她的方式。

林旭对嘉美真的很好，几年来，一直默默地陪在她身边，为她做各种事。嘉美也乐于和林旭在一起，以至于大家都以为他俩是一对。但林旭绝口不提喜欢嘉美的事，一次都没有；嘉美虽然有时会暗示一下，见对方没动静，就心照不宣地只当普通朋友相处。

到了圣诞节，林旭约嘉美去学校附近的湖边饭馆吃饭，还特意准备了圣诞礼物。伴着湖边明亮的灯火，林旭递上了那束美丽的蓝色妖姬，结果话到嘴边却变成"圣诞快乐"。嘉美的脸上闪过一丝失落，又迅速恢复，露出淡淡的微笑。

每年春节，林旭都暗自发誓，明年一定要表白，但经过激烈的思想斗争，话到嘴边就是说不出口。他也怕这份来之不易的友谊会因自己的一时冲动而毁于一旦，就这样远远守望着她，也算是一种幸福。

快要毕业了，再不说可能以后就没有机会了。这次，林旭终于下定决心要表白了，便像往常一样约嘉美去爬山。

到了山顶，林旭拿出鲜花和礼物，终于念出那句在心里已经默念了无数遍的话："嘉美，我从第一眼见到你就开始喜欢你了。我喜欢你很久了，真的很喜欢你，做我女朋友吧。"

嘉美先是愣了几秒，随之遗憾地叹了口气，悠悠地吐出几句话："这句话，我等了四年，可是每次等到的都是失望，已经不想等下去了。忘了告诉你，就在前几天，我已经答应了他，对不起。"说完她转身离开，留下林旭如同遭遇晴天霹雳般杵在原地。

　　一次次徘徊犹豫、瞻前顾后，这也是拖延症的表现，因为怕被拒绝或者被伤害而不愿面对，现在不想面对所以晚点儿再说。或是总想寻找合适的时机，每次都做足了准备，却一次次擦肩而过。

　　诚然，合适的时机是表白成功的关键因素，但从来没有最完美的时机，只有相对合适的时机。这一切建立在踏出第一步的基础上，不然感情永远只会停留在单相思的阶段。

　　如果你把对 TA 的感情藏在心里，只是默默地对 TA 好，别人只会认为你人好，一般不会往喜欢的方面想。就像薛定谔的猫，你不开口，都不知道别人心里到底想的是什么。

　　有句歌词说"爱是不是不开口才珍贵"，不，爱一定要开口！开口有这么难吗？无非就是被拒绝，一次不行就两次，两次不行就三次，再不行是缘分没到，但你至少尽力了，问心无愧。

　　再给我两分钟，让我表达炙热的爱意，让你感受到最真挚的情感，勇敢地踏出那一步，说不定对方早已期待这一刻的来临。如果能够牵手，别等明天，牢牢抓住 TA 的手，不要因为自己的拖延而让对方消失在人海里。

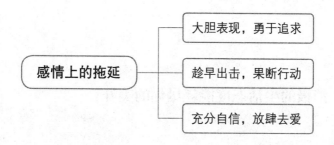

✔ **克服拖延小贴士：**

1. 爱就要大胆地表现出来，不要因为害怕被拒绝而不敢说出来。有时候，脸皮厚一点儿不一定是坏事。

2. 遇到喜欢的人，出击要趁早，行动要果断，紧紧抓住转瞬即逝的机会。特别是身为男生，更要主动一点儿。

3. 有人说喜欢是放肆，爱是克制。无论怎样，如果你确信能给对方幸福，请先放肆一回，为了自己，也为了 TA，不要等到失去再追悔莫及。

▷ 消极的生活态度能耗尽你的美好

拖延人档案：

林青，女，家庭主妇。

拖延现象：不及时做家务，做家务时也是三心二意；总是喜欢家里凌乱不堪时才整理，碗碟堆满水池才去洗，地板非常脏了才去拖。

拖延后果：整日无所事事，家里却始终乱成一团，家庭关系持续恶化，严重到险些离婚。

周末应该是休闲的、放松的，卸下一切工作的担子。然而，这一切建立在家里干净、舒适的基础上。

想象一下，如果家里脏、乱、差，即使在家心情也不会好，甚至这样的家不适合生活。

堆满水池的待洗碗筷、堆满衣篓的待洗衣物、满是灰尘和头发的地板、乱七八糟的床铺，这一切都在提醒我们该做家务了。

为了维持干净整洁的生活环境，做一定的家务是必不可少的。然而，惰性总是拖延我们的脚步，让我们做一些无意义的事情，无法让家里时时保持想要的样子。

做家务可能要花一些时间、力气，但一两个小时也能完成。为什么很多人不愿意及时做家务呢？

可以想象，我们结束一天的工作，好不容易拖着疲惫的身子回到家里，最想做的事情是什么？

是不是以一个舒适的姿势躺在沙发上，打开电视当背景音乐，打开手机刷遍朋友圈、微博、知乎，还要吃一大堆膨化食品？

想着总是要做一些什么，于是纠结地起身，伸出双手，发现指甲长得难受，就拿起剪刀修剪指甲，修剪完了还要花几分钟好好欣赏一番。

欣赏完指甲，口渴了泡杯茶，坐回沙发后习惯性地拿起手机刷了一会儿新闻，又被电视里精彩的剧情吸引。看着看着，一小时、两小时很快就过去了。

晚上一共就有三四个小时的休息时间，很快就到了睡觉时间，想着明天还要早起，于是开始洗澡、刷牙、准备睡觉。躺到床上，肯定不会很快睡着，刷刷手机又到了凌晨一两点钟。

结果就是，看似回家的时间挺早，但一晚上过去了，该做的家务一样都没做，也没有得到很好的休息。其实，看电视、刷手机都是在消耗精力。

到了周末，基本上是不到中午不会起床的。一顿午饭吃到2点，稍微做一些事情就到了晚上，又要开始重复工作日的节奏，甚至会更加懒散一点儿，毕竟第二天还有时间，不急着做完。

林青就是磨磨蹭蹭的典型人物。不同的是，她是家庭主妇，相对于一般上班族而言有更充足的时间。事实上，她全职做家务的效率，比全职工作的效率还要低。

刚辞职的时候，林青确实有一些手足无措，一大堆事情放在眼前不知道先做哪件。但她手脚很快，一整天的事情几小时就做完了，慢慢地，越来越得心应手。

做家务确实挺累的。休息的时候，她以一个极其舒适的姿势躺在沙发上看电视、玩手机。这样既得到了休息，也打发了时间。

然而，总有那么几部非常好看的电视剧让人停不下来，到了该做家务的时间却难以割舍精彩绝伦的剧情。于是，家务被丢在一边，她一集接着一集追起剧来。直到天色已晚，才发觉自己还有一堆事情没有做，只好匆匆关掉电视开始干活。

林青发现，即使这样也能及时做完所有的家务，便更加有恃无恐地拖延起来。有时，她索性打开电视，选一部剧放起来，一边看一边做家务，效率可想而知。

随着时间的推移，孩子慢慢长大，林青不可避免地产生家务活上的懈怠。久而久之，拖延就成了常态，家务越做越慢，甚至丈夫下班回家后连晚饭都没做好。

有一阵子，丈夫的工作特别忙，压力也特别大，每天早出晚归、愁眉紧锁，好不容易回到家想吃一口热饭，却发现林青躺在沙发上悠闲地看着电视，家里乱作一团，饭桌上空无一物。

直到这时，林青才想起自己本该收拾完屋子要做饭的，现在面对失望的丈夫，她只好收起惭愧的神情匆匆起身干活。饥肠辘辘的丈夫没多说什么，泡了碗面，吃完就很快洗洗睡了。

本以为有一次教训，能够让林青认识到自己的错误并做出改变，没想到第二天还是一样，低头认个错就当什么都没有发生过。第三天，第四天……丈夫终于受不了了，跟她大吵一架，差点儿要离婚。

林青这才意识到问题的严重性，但改起来没那么快，至少家务活做完之前不看电视了。她先安排好晚饭，再去做自己喜欢的事情，提高做家务的效率。家里一天比一天整洁、亮堂起来，家庭关系也恢复了之前的和睦。

生活中的拖延无处不在，可能正在用你意想不到的方式消耗了大量的时间。有时候，晃着晃着天就黑了，生活就是在不经意的拖延中变得越来越糟。

生活中的很多事情，常常琐碎又无聊，每天重复看不到尽头，容易产生懈怠而不愿意面对。也总想着晚点再做，直到不得不做时再去做，然后用看电视、刷手机、东磨西蹭等填满。

当然，生活中的拖延不仅体现在家务上，还表现在很多必须做的事情上。比如睡觉，本来很早就能睡着的，结果生生被拖到凌晨一两点，第二天早上精神不振，直接影响白天的工作和生活。

再如看书学习，每天都深陷琐事、疲于应对，把真正的事情抛之脑后。于是，制订的计划总是完不成，时间就这样莫名其妙地流逝了。

　　生活中的拖延表现在很多琐事上，看着不起眼，但日积月累就会形成习惯，严重影响我们的学习、生活和工作。就像一台崭新的电脑，用着用着就会因为磁盘碎片塞满空间和硬件磨损慢慢卡顿，需要及时清理内存，更新设备。

　　对我们来说，也要对拖延有足够的重视，随时保持良好的状态，主动学习，积极生活，克服懒惰，让生活充满正能量，过好每一天。

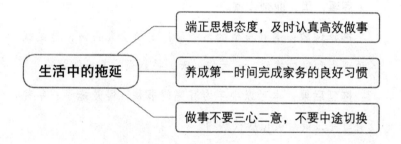

　　✔ **克服拖延小贴士：**

　　1. 端正思想态度，不要觉得生活中的小事可做可不做，而要及时做、认真做、高效做。

　　2. 养成第一时间做家务的好习惯。

　　3. 即使在家里处于放松的状态，做事最好也不要三心二意，不要做着一件想着另一件。

➤ 有一种拖延叫作还有明天

拖延人档案：

周溪，男，业余作家。

拖延现象： 遇到事情的第一反应是待会儿再做，总是找各种理由和借口推脱，一天拖一天，拖到最后都没能解决。

拖延后果： 本可以半年内写完的书稿，愣是拖了一年都没有写完，最后被出版社解约。

很多拖延成性的人，会因各种犹豫不决、徘徊不定，在机会来临时没有珍惜，错过可以让自己再上一个台阶的机会，并且越陷越深。

然而，最初这一切只是常见的"待会儿再做"心态：手头事情太多了，待会儿再做吧；最近太累了，待会儿再做吧；现在就是不想做，待会儿再做吧……

他们一次又一次地自我暗示：时间还多，不着急，待会儿再做也来得及，到时再抓紧时间也不迟。要做的事情一次又一次被延后，虽然看起来暂时不用面对，但实际上越不面对就会越糟糕。

一旦我们在某件事情上产生抵触情绪，越来越不愿面对只想逃避时，就会不可避免地陷入拖延的旋涡，慢慢地从自我暗示变成自我满足，再到自我欺骗，久而久之就会形成一种牢不可破的思维模式。

这种思维通常会给你一种美好的假象，即明天永远不会来临，明天过后还有后天。如果可以明天再做，为什么一定要今天急着做完呢？好像什么事情只要往后拖，就一定可以解决。

这种日积月累形成的思维模式，让我们总是能找到各种借口，把希望都寄托在明天，名正言顺地把该做的事情统统延迟，试图以逃避的手段解决所有问题。事实上，问题都没法得到有效解决。

更严重的是，不仅原来的事情没有解决，很多本不该是问题的也都变成问题。这是因为，前面很多事情拖着没有解决，重要而不紧急的事情变成重要且紧急的事情，以至于事情越来越多，更不愿意做了。

大学时代，周溪就对写作颇感兴趣。参加工作后，一次偶然的机会，他接触了一个写作兴趣班，跟着老师学习写作技巧，靠写作赚零花钱。

想想自己不高的工资，周溪顿时来了兴趣。

凭借自己的功底，周溪陆续写了几篇文章都比较顺利地过稿，这给了他自信和前进的动力。一段时间后，真正展现自己的机会来了——约稿可以出版，这让周溪兴奋不已。

主编给了周溪半年时间，让他提交初稿。周溪拿到选题后先是扫了一眼，感觉每个题目都不太好写，就开始着手做准备工作，去网上看看别人是怎么写的。

看着看着，一天就过去了，周溪也没看出个所以然来。网上的内容并不适合自己的写作方向，他有些沮丧，想着反正有半年时间，不着急，明天再写吧。

第二天一大清早，周溪就坐到电脑前，对着电脑敲敲打打。由于积累有限，他很快就词穷了，苦思冥想半天还是写不出多少字，注意力很快便开始分散。

周末时，周溪开始陷入怪圈，白天怎么也写不出来，想着到了晚上再写吧。于是，他颠倒了作息时间，白天呼呼大睡，黄昏时候才醒，然后泡杯咖啡开始写作。

久睡的人，精神一般不会太好。认真写了一会儿，周溪就开始犯困。他也思想斗争过，想着自己一定要咬牙坚持，但是意识越来越模糊，不到半夜又实在困得不行。

更惨的是，周溪的工作遇到变动，经常加班到很晚，而且隔三岔五还要出差。每次他拖着疲惫的身子回到家时都已身心俱疲，恨不得马上就睡，根本没精力写作，于是又搁置下来。

小半年很快过去，主编试探性地问了一下周溪写得怎么样。周溪这才想起来书稿才写了不到五分之一，只得急忙跟主编解释说最近实在太忙，申请延后一个月，保证交稿。

周溪心想，一个月总能完成了吧。但前段时间实在太辛苦，现在稍微放松一下吧，于是他找了部电视剧看起来。看着看着，他又忘了写稿任务，一个月过去依旧没写多少字，只得再次申请延后。

就这样，寒来暑往，一年时间很快过去了，书稿还是没有完成。主编气得跟周溪解除了合约，周溪最终为自己的拖延付出代价。

思想上的拖延，远比行动上的拖延来得可怕，因为思想是一切行动的来源。行动上的拖延，可以用各种方法来弥补，提升做事效率。改变思想上的拖延，让一切动起来，完全要靠跟自己的内心抗争。

拖延的思想在日积月累中形成，然后潜移默化地影响你，让你不自觉地为事情找各种借口，认识不到它的危害，无形中消耗了时间和斗志。

爱拖延的人总是在虚幻的假象中沾沾自喜，把责任推给他人，从此破罐子破摔，丧失一切动力。唯一不愿意的就是走出这种假象，端正态度。

这种自内而外的心态，很容易让人陷入无限拖延的死循环，而且很难根治，具有极强的隐蔽性、迷惑性。

早日向思想上的拖延宣战吧，不要再给自己找借口了，任何借口都无法掩盖拖延的事实。

你应该下决心战胜拖延，直面自己的内心，深刻剖析自我，即刻去做，不要总是想着拖到明天，明天还有明天的事情，拖来拖去只会害了自己。

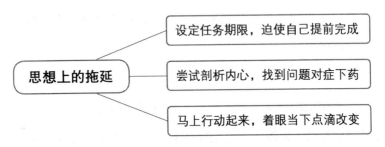

思想上的拖延

设定任务期限，迫使自己提前完成

尝试剖析内心，找到问题对症下药

马上行动起来，着眼当下点滴改变

✔ 克服拖延小贴士：

1. 给所有任务设定一个期限，不要给自己预留太长时间，而要逼迫自己在限定时间前一定要完成。

2. 我们要尝试剖析内心，弄清拖延的内在原因，找到问题的关键，对症下药。

3. 改变自己，必须马上行动起来，并且坚持下去，一定会有意想不到的成果。

➤ 你安慰自己平凡可贵的样子好可笑

拖延人档案：

老赵，男，病房里的垂暮之人。

拖延现象： 每天游手好闲，得过且过，浪费时间，拖延成性，混吃等死。

拖延后果： 一辈子平庸，浑浑噩噩，碌碌无为，白来世上走一遭，一辈子没有什么成就。

《钢铁是怎样炼成的》中有这样一段话，激情澎湃，让人印象深刻："一个人的生命应当这样度过：当他回首往事的时候，他不会因为虚度年华而悔恨，也不会因为碌碌无为而羞愧……"

事实上，大多数人的一生都将是虚度年华、碌碌无为的，平凡得像烟火里的尘埃、沧海中的一粟，日子过得寡淡如水、平淡无奇。

这些人就是"差不多先生"，他们觉得一切差不多就好了，所以才会过着差不多的人生。他们每天都在重复之前的生活，不到 30 岁仿佛就能看到五六十年之后的生活。怪不得有人说："有些人 20 岁就死了，等到 80 岁才被埋葬。"

仔细想想，在人有限的生命中，有多少时间是被浪费的？有多少时光是被荒废的？有多少岁月是被虚度的？我想，那一定占了非常大的比例。

比如，上学时不好好上课，考试临时抱佛脚，一学期下来什么都没学会；工作以后成天混日子，上班看新闻、玩手机，做事粗心大意，从来都是勉强交差，从来没有效率可言；没事的时候总是睡觉，逢双休日必睡到中午才起来。

工作几年，专业技能一点儿没有长进，晚上回家也不愿学习提高自己的能力，看电视、玩游戏，时间就过去了。

生活上也是懒懒散散，做事拖拖拉拉，好像从来没有紧迫感和危机感，总是要等到事情不得不去做了，才不情不愿地开始。

直到垂垂老矣，才发觉自己的人生过去了大半，大把时间浪费在拖延上。年轻时的梦想早已远去，很多想做却没做成的事情成为无尽的遗憾。

洁白的病房里，老赵知道自己时日无多。夕阳洒进房间照在他的脸上，透着淡淡的霞光。他望向窗外，看见了无比美艳的晚霞。他的眼前开始迅速闪过一幅幅画面，那是他的一生。

老赵从小就是慢性子，做什么事情都是慢条斯理的。上幼儿园时，别的小朋友总是几口就把饭吃完，他会拖到最后一个；别的小朋友一听到下课铃响都像发疯一样冲到外面去玩，只有他慢吞吞地走出教室，伸个懒腰，好像上课和下课没有区别。

上了初中及高中，课业明显加重，每天都有做不完的作业。别的同学在学校时就开始挤时间完成，做得快的，放学前就能把作业完成，回家后可做课外练习；老赵完全不着急，自习时看闲书，回家后要磨蹭到快睡觉时才开始写，有时困得不行，作业还没做完就睡了。

这样的学习效率，让老赵完全无法跟上学校紧凑的学习步伐，老师天天跟在他后面催背单词、背课文，也无法改变他磨蹭或者说"淡定"的习惯。渐渐地，他开始自暴自弃，上课时甚至在后排睡起觉来，直到快要高考了才象征性地"垂死挣扎"一下。

大学毕业后，老赵开始找工作，但连续几次碰壁后就消沉得不行，不愿意再找了。家人实在看不下去，找朋友帮忙安排进了一家安稳的单位。他每天上班就是喝喝茶、看看报纸，工作时总是磨洋工。

到了要结婚的年纪，老赵也是一副无所谓的态度，完全不着急找女朋友。家人给他介绍了一轮又一轮，都被他以各种理由错过。最离谱的是，一次，他跟女朋友约好见面，结果头天晚上玩手机到半夜，第二天睡过了头。就这样，他一直混到30多岁才随便找了一个女人草草结婚。

就这样，老赵在考大学、找工作、结婚、生子这些重大的人生节点上，无一不是抱着得过且过的态度，拖拖拉拉直到最后才做出决定，永远挑战对自己来说最轻松的选择。

退休后，老赵的生活也完全没有出彩的地方，每天都在简单重复，到处打牌、打麻将、晒太阳，一遍又一遍地看早已过时的电视剧，稀里糊涂地从日出混到日落，一辈子都没有认真做点儿什么，自然一事无成。

当夕阳洒尽最后的余晖，完全落下时，老赵回顾完了自己平淡如水的一生，眼前被一片光芒笼罩，安详地离开了。

多少人在这样的拖延中蹉跎了自己的一生。俗话说，时间就是生命，拖延总在无形中浪费了大量时间。就像《匆匆》里写的那样，时间总是从指缝中悄悄地溜走。所以，说严重点，拖延就是慢性自杀。

很多人意识不到这一点，从不会意识到时间是有限的，是单向流动的，更不会留意到时间流逝本身，总觉得还有大把时间，怎么都用不完。

更致命的是，随着年龄的增大，时间的流逝是加速的。比如，在 20 岁、30 岁和 40 岁时，一小时的意义是不一样的，因为它在剩余生命中的比重越来越大。

随着年龄的增大，时间的价值越来越低。经济学里说，金钱的时间价值，指的是同样数额的金钱，在今天的价值一定比在未来的价值高。简单地说，对于时间来说，现在一定比未来的要珍贵。

从另一个角度来说，时间对每个人都是公平的，每个人每天都只有 24 小时；但时间又是不公平的，每个人的时间尺度都不一样，价值也不一样，因为生命不在于长度，而在于宽度。

善于利用时间的人，一天能当成两天用，把平凡的日子过得精彩纷呈；善于拖延的人，则把时间当成最廉价的资源，也把原本应该丰富多彩的生活过得索然无味。

世界上的许多东西都能尽力争取或失而复得，只有时间难以挽留。人的生命只有一次，时间永不回头。在这里，我反复告诫大家要珍惜时间，今日事今日做，不要拖到明天、蹉跎岁月。

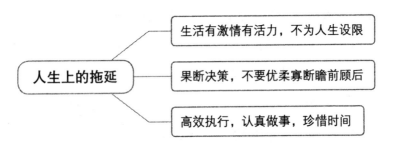

✔ **克服拖延小贴士：**

1. 对待生活要有激情、有活力，不为自己的人生设限。趁着年轻，多做一些有意义的事，体验不一样的生活。

2. 果断决策，不要总是优柔寡断。做出决定后就不要纠结，而要勇于尝试、敢于失败，不被暂时的困难阻挡前进的脚步。

3. 高效执行、认真做事。珍惜并充分利用有限的时间，以只争朝夕、时不我待的精神迎接挑战。

第二章

可怕：拖延是
无尽的深渊

▷ 不懂工作方法就让你累

拖延人档案：

张峰，男，初级设计师。

拖延现象：每天无目的地忙，尽做无用功。做事三心二意，工作效率太低，设计任务总是最后一天才交稿。

拖延后果：设计效果不尽如人意，专业能力提升缓慢，只能从事基础工作。

职场上总有一些人，虽然工作了不少年，但是除了年龄在增长，工作能力、主动性、积极性等方面没有任何变化。

以前听过这样一个段子：有位老员工向老板要求加工资，说自己在公司已工作了五年，有五年的工作经验，凭什么新来的员工升职、加薪都比他快。老板说，你不是有五年的工作经验，而是一年的工作经验重复了五年。

明明手头有一大堆待办事项，却总是不愿立刻行动，也不能集中精力，更不会加快手脚。看似每天都在忙，但成效并不显著，很多时候工作了一整天，实际上一两小时就能完成，剩下的时间常常在各种繁杂琐事中被消耗殆尽。

不少人由于没有掌握高效的工作方法，而被一些不重要的事弄得心烦意乱、筋疲力尽，总是无法静下心来做最重要或最该做的事，或者是被那些看似紧急却不重要的事蒙蔽，根本不知道哪些是当下最应该做的，结果白白浪费了大好时光，工作效率不能得到有效提升，工作进度被拖延。

通常，我们接到一项重要任务后，第一反应不是马上去做，而是放在一边，先做一些毫无用处的准备。因为那些琐碎、无关紧要的事做起来比较容易，重要的任务完成起来比较困难。

当要真正着手进行较难的工作时，你已经完全丧失了兴趣和耐心，更加不愿意面对，便一拖再拖，工作效率一降再降，于是形成恶性循环。

当拖延的习惯成了自然，这些职场"拖拉机"就会终日浑浑噩噩，在低效的工作中敷衍，把日子过成和尚撞钟，最终湮没在茫茫人海。这大概是当下很多平凡的职场人的样子。

张峰在一家设计公司做平面设计师。面对一项又一项设计任务，他一拖再拖，严重影响了工作进度。

每次跟客户沟通完回来，按理说，张峰应该马不停蹄、加班加点地修改不合理的地方，以最快的速度给客户提供一两份可行的设计方案。可是一坐到电脑前，他就忍不住开小差，将微博、知乎、朋友圈刷个遍。

然后，他开始整理手头散落的图纸，翻翻桌上的图书，一路磨磨蹭蹭。当他猛然看到电脑桌面右下角的时间时，才意识到真的要工作了，于是起身去个卫生间，泡一杯咖啡开始工作。

过了几分钟，他好不容易在凌乱的桌面上找到设计方案，这时又感到肚子饿了，原来是吃饭的时间到了，便和同事们一起去吃饭。一个上午就这样过去了，他什么都没有做成。

午休过后，张峰睡眼蒙眬得完全找不到工作状态，就洗了把脸试图让自己清醒些，然后打开网页看了会儿新闻，回复几条微信后顺势玩起手机。等他再次反应过来，发现已经3点了。

可张峰看着图纸还是毫无头绪，每次稍微有点儿头绪就会被其他事情打断，耽搁一会儿又从头思考。就这样，到了傍晚时分，修改方案基本没动。这时，客户打电话来问什么时候能出设计方案，言语之间已经有了一丝不耐烦。

果不其然，过了一会儿，老板把张峰叫去，说客户都催了，一定要在下班前给出方案。此时距下班只有一个小时，这么短的时间根本设计不出来，他只好匆匆忙忙修改了一版勉强发给老板，然后毫无悬念地被臭骂一顿。

这不是张峰一两次挨训，每次有团队任务，他都是最后一个提交方案。即使给了充足时间，他的方案也总是不尽如人意。因为，尽管有再多的时间，也一定被他极其缓慢的工作效率消磨掉，最后发现时间不够了，才开始抓紧胡乱做一下，这样设计出的作品显然过不了关。

长此以往，老板不会再把重要的任务交给张峰，每次只让他承接最简单的设计任务。面对简单的任务，他更加懒怠，拖延愈发严重，水平一直在原地踏步，他也安于现状。

在工作中，拖延最直观的体现就是工作效率低，本来一小时可以完成的工作一定要拖成一天；一天可以完成的工作，一定要拖到一个礼拜；本来绰绰有余的时间，一定要拖延到加班熬夜都不一定能做完。

有人说"慢功才能出细活"，做事情一定要慢才能精细。不可否认，有些活确实需要精雕细琢，不能马虎，但那是建立在不拖延、不浪费时间，把全部精力放在把事情做好的基础上。不好的工作习惯，会在无形中浪费很多时间。

如果办公桌面和电脑桌面永远保持清洁，就不用每次都花时间找文件，也不会被其他不相干的事情分散精力。

如果不安排好工作的先后顺序，总是会做一堆对完成任务毫无帮助的事情。

如果不能同一时间只专注于一件事情，总是被其他事情打断，思考就不能深入、细致，做事效率肯定大打折扣。

拖延之于工作就像机器里的铁锈，虽然开始只有一点儿，但会一点点拖慢机器的运行速度，加大铁锈范围，最终让机器因为老化而被淘汰。职场人一定要警惕，防拖延于未然，不要让拖延成为你职业生涯的绊脚石。

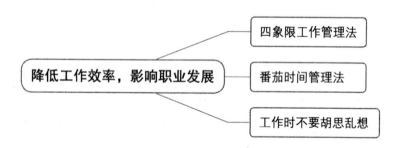

降低工作效率，影响职业发展 —— 四象限工作管理法

番茄时间管理法

工作时不要胡思乱想

✔ **克服拖延小贴士：**

1. 四象限工作管理法：把工作内容分为四个象限，即重要且紧急的、重要但不紧急的、紧急但不重要的、不紧急也不重要的，然后按此顺序一项项完成，可以有效避免把时间花在不必要的事情上。

2. 番茄时间管理法：给自己设置一个时长为 25 分钟的番茄钟，每进行一项工作都以番茄钟为单位，其间不能做其他事情。结束后，可以休息 5 分钟。

3. 把手机藏起来，QQ 静音，关掉新闻网页，微信消息统一回复，这样可以有效防止你的注意力被分散。

➤ 任凭失落和消极肆意流淌

拖延人档案：
王辉，男，综合行政人员。

拖延现象：没有及时完成任务导致毫无成就感，因此心情不好，工作状态不佳，总想做些其他事来调节心情。

拖延后果：工作效率下降，情绪低落，生活态度消极，自怨自艾，做什么都提不起劲儿。

每个人都有心情不好的时候，有时是莫名其妙的，有时来自客观原因，更多时候是一整天什么都没有做成，毫无成就感而导致情绪低落。这种低落情绪反过来会影响工作和生活，进一步拖慢做事效率，形成恶性循环。

大家回想一下，自己是心情愉悦时做事效率高，还是心情低落时做事效率高？如果坐在电脑桌前文思如泉涌，下笔如有神，谁还会磨磨蹭蹭不想动笔呢？如果对着电脑大半天都憋不出一篇文章，剩下的时间是否还能集中精力写作呢？答案显而易见。

再想象一下，上班时因为拖延，晃晃悠悠一个上午却什么事都没做成，心情非常低落，不免带着抱怨进入下午的工作，进而导致一整天都无法进入工作状态，继续浑浑噩噩，直到临近下班都走不出这种状态。

甚至下班回到家都提不起劲儿，做什么都了无兴趣，只想往沙发上一躺，打开电视发现实在没什么好看的，就开始刷手机，用无脑的娱乐消磨宝贵的时间。

接下来，衣服不想洗，地不想拖，房间也不想整理，更别说业余时间看书学习自我充电或兼职了。

于是，睡觉的时间很快就到了。浑浑噩噩的一天就这样过去了，什么事情都没有做成，做什么也没有意义，心情更加低落。看着颓废的自己，想着就这样得过且过吧，继续放任失落的情绪流淌。

严重时，甚至会对人生充满失望，总觉得生活太无聊、工作太无趣，一切都是那么糟糕。

这种低落情绪通常会持续一段时间，以至于很多计划被打乱。想要战胜这种情绪，重新回到原来的生活状态，需要极大的决心和极强的行动力，否则将陷入下一场更大的失望中。

新的一周开始了。上班路上阳光明媚，王辉带着愉悦的心情来到公司，享受一顿丰盛的早餐后开始工作。

刚准备就绪，王辉就被分配了一项重要任务，替领导写一篇年终报告，周五下班前交。这时候，他知道难熬的日子又要开始了——每年这个时候，他都会为了写这篇报告绞尽脑汁，直到最后一刻才能勉强交上初稿。

为了改变这种状况，王辉第一时间就开始着手准备。在电脑面前坐定后，他迅速打开去年的稿子作为模板，查阅了今年的会议资料，罗列了需要写进报告的几个要点。做好准备工作后，他开始正式写稿。

第一步是确定文章的标题和每个模块的标题。每个标题都要跟去年不一样，要和今年的工作内容有关，而且意义深刻。一上来就是这么大的挑战，王辉死死地盯着电脑屏幕，脑子里闪过各种标题，依旧想不出合适的。

随着思考的深入，进入办公室之前的愉悦在王辉脸上荡然无存，他的心情顿时滑入低谷。整整一上午，这项工作都在磕磕绊绊中艰难地推进，很不顺利。王辉十分郁闷，为了缓解工作上的压抑，不时找借口开小差。

吃过午饭，王辉满心不情愿地回到座位上，强忍内心的焦躁，又继续跟标题死磕。为了寻找一些灵感，他开始在网上搜索资料，看看别人是怎么写的，能否借鉴一下，结果就变成浏览不相关的网页。他想着，反正现在写不出，放松一下也挺好。

就这样，两个小时很快就过去了。王辉准备写的标题还是一个字都没动，焦躁感逐渐升级。他觉得这样不是办法，于是关掉网页，整理一下思路，又去找上级领导交流了一下看法。

他逼着自己想啊想，还是没能在下班前完成所有的标题，只能继续通过开小差缓解焦虑。等他完全把标题都起好，下班回家时已经很晚了，于是他倒头就睡，心里是无尽的郁闷和失落。

此后一周，王辉都延续着这种工作状态，每天都郁郁寡欢。因为心情不佳，他的写稿进度非常缓慢，后面部分更加难写。到了周四晚上，他通宵熬夜，周五全天马不停蹄地赶稿，才勉强在下班前完成。

工作、生活上的拖延，会让我们无法按时完成想做的事情，在心理层面达不到预期，就会陷入一种焦虑不安的情绪，进而感到心情失落，走入心灵误区，稍有不慎就会在颓废和拖延中越陷越深。

就像上述案例中的王辉，如果他及时调整心态，积极面对工作中的困难，不因有难度而频频开小差，也不至于一篇报告写了几天还只是写出了框架，最后加班熬夜搞得自己狼狈不堪。

进一步设想，如果王辉到了周五仍不能交出报告，肯定要受到领导的批评，他的周末肯定伴随郁闷、失望、抱怨，在无休无止的加班写稿中度过，肯定延续之前上班的状态，效率可想而知，生活质量肯定也大幅下降。

我们不能被这种情绪牵着鼻子走，更不能被拖延阻挡前进的步伐。工作没有进展，继续死磕就是了；时间不够，多花点儿时间就是了。暂时逃避，到头来工作还是你的。

内心再焦虑，也不能解决手头的问题。为了缓解焦虑而放松、开小差，消耗的时间反而更多，不如积极面对，找方法解决目前的困境。

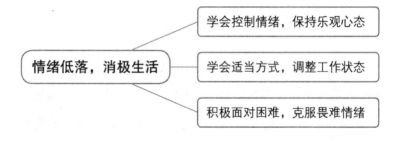

✔ **克服拖延小贴士：**

1. 学会控制情绪，不要因为时间不多而焦虑，也不要因为焦虑而自乱阵脚，更不要因为完不成工作而失落。

2. 工作卡壳时，可以适当放松几分钟，做一次深呼吸，甚至站起来看一看窗外的风景，但不要因此开小差去看网页新闻、刷手机。

3. 遇到困难要积极主动面对，结合实际情况寻找合适的解决方法，不要试图通过转移注意力把工作延后。

➤ 深陷自我怀疑中无法自拔

拖延人档案：

菲菲，女，会计。

拖延现象： 因为一个错误，工作进度严重滞后，她开始紧张、焦虑、怀疑自己，只能做其他事情分散注意力。

拖延后果： 从无法及时完成任务变成根本完不成任务，加深对自己的怀疑，甚至对未来失去信心。

职场上的拖延，有时不仅是因为受到各种诱惑而无法集中精力，或是被周边环境影响，更多的是自己主观上的原因。

很多人遭遇过失败，自信心受到打击，甚至留下阴影，很在意别人的看法，总是认为自己能力不足、不能成事，处理工作时常常无意识地逃避，甚至找一些蹩脚的借口拖延进度。

当事情拖延到一定程度，你的内心就会不由自主地紧张起来，觉得自己无法胜任，害怕不能在规定的时间内完成任务，甚至怀疑自己根本就不可能完成。在不断恐惧和反复怀疑中，你会被这种情绪催眠，不仅不能做出正确的决定，而且会陷入深深的焦虑。

这种焦虑，实际上来自我们内心深处挥之不去的恐惧和怀疑。然后，在一次又一次的失败中，持续加深对自己的怀疑，在自卑感的作祟下变得更加畏首畏尾，不自觉地在拖延中负隅顽抗。偶然取得成功，也会将其归为运气。

过度焦虑不仅会让人受挫，一点点吞噬自信，还会不由自主地自我怀疑，进而迁怒于工作环境，推到别处，推给他人，抱怨自己的才能得不到充分发挥，做事时躲躲闪闪，即使开始做了也会下意识地拖延。

一个完美的闭环就这样形成了。如果一味地纵容这种下意识的拖延，形成习惯后危害巨大，无形中会消磨人的意志，对自己失望透顶。久而久之，使自己变得犹豫不决，拖延程度随之加深。

菲菲是一家公司的会计，她负责处理报表方面的事情。刚开始，公司要求做的报表比较简单，工作比较轻松，她总能顺利地完成，还有时间学习一些新技能。

半年后，领导看菲菲表现不错，便把更加复杂、多变的报表交给她处理。迈上新台阶后，她便感到力不从心，每次提交报表后都心力交瘁。

马上要年终总结了，公司开始集中处理大大小小的账务，需要在这周提交初稿报表。

这次，菲菲想好绝对不能拖到最后再交，现在就要行动起来。于是，她马上收集账务资料，开始整理。刚开始，她的工作一直有条不紊。但随着收集的资料越来越多，需要编制和核对的信息也越来越多，她变得有些焦躁不安。

菲菲刚打算要使自己平静下来，核算时却发现一组数据不小心填错了，后面的报表全部要重做，干了大半天等于白干了。这时快要下班了，她索性放弃手头的工作，出去吃了点儿东西，散散心，开始玩手机等下班。

第二天，菲菲再次坐到座位上时，还对昨天的失误心有余悸，想着今天绝对不能再出错了。她变得更仔细，但效率低了，只见账务资料源源不断发过来，不一会儿，电脑桌面就摆满了待处理的资料。

望着满屏的资料，菲菲开始怀疑自己能否按时做完，就算她整天坐在电脑前，也静不下心来处理，只能做其他事情分散一下注意力。这不仅没有缓解她的焦虑，反而随着时间趋紧、任务加重，她更不知道如何是好。

菲菲陷入深深的自责和失望中，对自己失去信心，觉得自己能力不行，辜负了领导的期望。在这样的负面情绪影响下，接下来的几天，她完全不能好好工作，到了交初稿的时候，只得羞愧地低下头。

当时，领导没有为难菲菲，接过她做了一半的工作，只是在事后狠狠地批评了她一顿。

今年的升职加薪肯定是指望不上了，明年还能不能继续工作都成了问题。自己真的不能胜任更高阶的工作吗？对未来担忧的菲菲深深锁紧眉头。

负面情绪能产生很多严重的后果，轻则心情低落、生活品质下降，重则职场规划受到影响，甚至虚度人生。其中，最致命的是心理上的，其带来的影响远超行为。

当负面情绪轮番涌来，对自己产生质疑、对未来失去信心时，容易让人不知所措，加深拖延程度，一步步陷入无限拖延的怪圈而无法自拔。

因此，要在战略上藐视、战术上重视拖延症，该出手时就出手。处理事情时，适当的谨慎是必要的，但谨慎过度就是优柔寡断的表现。

只要还有一丝希望，暂时的失败就不会是定局。最后期限来临之前，任何改变都是可能发生的，不要因为小挫折就让自己跌倒了爬不起来，更不能让负面情绪占据内心，无形中给行动套上枷锁。还未拼尽全力，你又怎知自己不可以？

所以，一定要及时止住这种势头，实现行为和心理上的同步改变：一方面，改变拖延的行为，立刻行动起来；另一方面，增强自信心，不再对自己怀疑，以积极的心态面对未来。

双管齐下，一定会慢慢结束拖延的恶性循环状态，转向积极的循环，最终完全克服拖延。

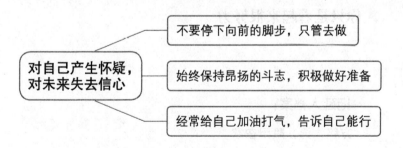

对自己产生怀疑，对未来失去信心

- 不要停下向前的脚步，只管去做
- 始终保持昂扬的斗志，积极做好准备
- 经常给自己加油打气，告诉自己能行

✔ **克服拖延小贴士：**

1.不要因为一时失去信心就停下向前的脚步，只管去做，在期限尚未截止之前拼尽全力。

2.即使做得不够好，甚至一次次失败了，也不要对自己产生怀疑。总结经验教训，积极做好准备，等下次机会来临时紧紧抓住就好了。

3.经常给自己加油打气，拿到任务的第一反应是：相信自己，一定可以按时完成！

➤ 你只是看起来很努力

拖延人档案：

方铭，男，赋闲在家。

拖延现象：学习时，临时抱佛脚；工作时，嫌这嫌那；生活中懒懒散散，对自己想做的事情不能坚持，不会想办法解决遇到的难题，而是不断找借口。

拖延后果：自己找不到合适的工作，多年一事无成，意志被消磨殆尽，整天游手好闲，生活平庸无趣。

我们总是觉得自己还年轻，有大把的时间可以浪费，认为青春就应该用来挥霍。实际上，青春很短，人生的几十年大好时光一眨眼就过去了。

很多人不知道自己是时间的主人，没有充分利用时间的意识和习惯，做起事来总会无意识地拖延，浪费了大量的时间。

比如，主观意识上有惰性，没有勇气改变现状，不愿积极面对与承担错误选择带来的后果，总是给自己找借口逃避，喜欢把事情放到临近最后期限时才开始做。

有的人是被身边温水煮青蛙的学习、工作环境影响，或者做事情时不能集中精力，总是瞻前顾后，不注意方式方法导致效率低下，进而心情低落，进入拖延的怪圈。

这一切，最终的结果是时间消耗完了，事情却没有做成，或是没有达到预期的效果。当需要返工或者跳过这个环节时，后面的一系列计划都会被打乱，职业发展的脚步也被拖慢——说得严重一些，如果不及时改变，你只是行尸走肉般地活着。

有一篇零分高考作文是这么写的："2h30'2h29'
2h28'2h27' ……1h30'1h29'1h28'1h27' ……
30'29'28'27'……3'2'1流逝完了，该交卷了。"

拖延就如这张作文零分的答卷一样，时间白白流逝，人
生只能交一张白卷。

高考还可以重来一次，但需要比别人付出更多的精力和
心血。人生不能暂停，更不可能重来。当拖延成为一种习惯，
生命虽滚滚向前，但留不下一点儿痕迹。

50多岁的方铭已经赋闲在家很久了。他有挂职的工作却
几乎不去，整天游手好闲，看电视剧，玩电脑游戏，或到处
找人吹牛。靠着父母买的房子收租，他的日子过得不温不火。

方铭的人生本可以不这样，但就在日复一日的拖延中，
他把日子过成毫无灵魂的样子，曾经激情满满的意志逐渐被
消磨殆尽，很多年轻时的梦想再也没有心思去追逐和实现。

方铭的起点并不差，父母都是知名院校的高才生，又是
学校的教授，可谓桃李满天下，从小对他就非常严格。

然而，就是这样的高压，让方铭产生了严重的逆反心理。
每到复习时，他就本能地抗拒，永远拖到最后一刻才临时抱

佛脚，高考故意考得很差，就是为了去外地远离父母。

好不容易摆脱了父母的管束，方铭自然要尽情地释放天性，在大学里吃吃玩玩，也算度过了一段快乐的时光。他的大学生活相当"完整"，除了没有好好学习、规划未来，也没有认真谈一场恋爱外，其他诸如逃课、去网吧通宵打游戏、天天睡懒觉、宅在宿舍颓废之类的，一样都没有落下。

这样的懒散延续到他找工作的时候，方铭三天打鱼两天晒网般地投简历，好不容易有个面试又不好好准备，他总觉得用人单位哪里都不好，想等下一次面试。但下一次面试不知什么时候会来，再加上他的大学成绩不好，更没有学会什么技能，实习经历也是零，他找工作时屡屡受挫。

实在熬不下去了，方铭只好求助于父母。好在父母人脉广，又对儿子狠不下心，便托人安排他去了一家安稳的制造业单位，每天的工作很轻松，基本就等同于养老，大概只有这样最适合他了。

即使如此，方铭还是拖拖拉拉、不情不愿地到岗，不肯老实坐在办公室里，经常迟到、早退，还抱怨单位管得太严，一点儿都不自由。

工作期间，方铭还是有些想法的，但每次都只有三分钟热度。尝试了一段时间稍微有点儿难度的工作，他便放弃了，还给自己找借口说单位不行、环境不行、合作的人不行，自己厉害也没用，有好的建议领导也不听取。

多年过去了，他一件像样的事都没做成，也早已忘了初衷，再也没有勇气认真去做事。

人生是一次单程旅行，路上的风景，遇到的人和事，错过了就再也无法挽回，更没有机会弥补，只能带着无尽的遗憾和懊悔继续前行。

正因如此，在有限的生命中，如果不好好地珍惜，一味地拖延和浪费，人生就会因为没有足够的时间去做有意义的事情、实现愿望而变得碌碌无为，失去它原有的价值。

肆无忌惮地浪费，只能让你的人生更加浪费；毫不在乎地拖延，只能让你的人生更加拖延。毫不夸张地说：拖延时间等于浪费生命。

时间是有限的，生命是宝贵的。有一天，我们垂垂老矣，会为了虚度年华而悔恨、碌碌无为而羞耻。如果人生可以重来，你肯定会更加珍惜时间。那为什么不从现在开始，改掉拖延的恶习，抓紧有限而宝贵的时间做一些有意义的事情，实现自己的梦想呢？

拒绝拖延，从拒绝浪费开始。

为了让自己的生命精彩无限，请不要拖延时间；为了让自己拥抱更美好的未来，请尽快把在脑中酝酿已久的想法付诸行动。

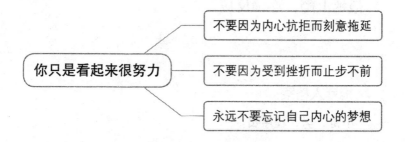

✔ **克服拖延小贴士：**

1. 不要因为心里抗拒就刻意拖延，不要养成临时抱佛脚的习惯，因为一旦抱成一次，就会产生侥幸心理。

2. 不要因为受到挫折而止步不前。失败了，积累经验教训，肯定自己，下次再战，总有胜利的时候。

3. 梦想是一盏明灯，指引你在黑暗中前行。心怀梦想，脚踏实地，才能守得云开见月明，到达梦想的彼岸。

➤ 拖延上瘾，连锁反应

拖延人档案：

小奇，男，程序员。

拖延行为： 作息时间黑白颠倒，白天睡觉，晚上也不干正事，完不成工作还不断给自己找借口；在生活中拖延上瘾，懒散成性，遇到挫折就轻易放弃。

拖延后果： 工作效率极低，网站开发进度严重滞后；被老板开除，找不到合适的工作，只得回国做不喜欢的工作，梦想破碎。

很多人都熟悉"蝴蝶效应"这个词，它是指：一项事物发展的结果，对初始条件具有非常敏感的依赖性；如果初始条件出现极小的偏差，结果将会有非常大的差异。

就像民谣里唱的："丢失一个钉子，坏了一只蹄铁；坏了一只蹄铁，折了一匹战马；折了一匹战马，伤了一位将军；

伤了一位将军，输了一场战斗；输了一场战斗，亡了一个国家。"

在日常生活中，在某事上拖延一阵，就会打乱后面的计划，破坏整体行动，从而引发生活与工作的巨变。用围棋里的说法是，一着不慎，满盘皆输。所以，任何微小的变化，都会让结局千差万别。

就拿拖延这件事来说，它可能会因所谓的"蝴蝶效应"，从一件小事开始不断地扩大影响，最终造成极端恶劣的后果。就个人心理来说，拖延还会使人意志消沉、上瘾，欲罢不能。

"蝴蝶效应"启示我们：对待拖延问题，只有一开始就从小处着手，严格控制可能产生拖延的思想和行为，才可能从源头上杜绝拖延恶习，防止其造成一系列不良影响。再小的细节都应认真对待，绝不轻易放过。

事实上，很多人并不太在意一开始的微不足道、看起来与拖延无直接关系的思想和行为，在不断的纵容下，才诱发出一系列的拖延行为，最终造成严重的后果。

很多事情因拖延而处理不及时，会引起一连串的连锁反应，每时每刻都可能发生在身边。我们不可能穿越过去改变历史，唯一需要的就是好好把握现在的每一分、每一秒，从源头改善拖延行为。

说起小奇的事，真是不甚唏嘘。他硕士毕业，学的是热门专业，本可以顺利找到工作留在美国，争取工作签证和绿卡，甚至能进军硅谷成为一名优秀的软件工程师。却因拖延导致丢了工作，最后只得灰溜溜地回到国内，做着没有技术含量的基层码农工作。

出国前，小奇妥妥地是一枚文艺斜杠好青年；出国后的第一年，也很顺利，甚至申请到纽约上州一所有名的学校。没想到一去两年，他好像完全变了一个人，这从他和朋友同住的细节中就能看出来。

最明显的就是作息习惯。小奇的作息基本和朋友是相反的——白天呼呼大睡，到了黄昏才醒来，然后熬一晚上，抽一宿的烟。

与小奇聊天才知道，上州人很少，中国人更少，平时也没有什么活动，很难融入当地人的圈子，但是课程很难，教授是出了名地严厉。面对如此大的压力却无处释放，他只能深夜开车在空无一人的街道感受寂寞，在喜爱的港片中寻找慰藉，遇到难题就本能地逃避。

这成为小奇致命的问题。好心的朋友给他推荐了一份给小公司做网站开发的工作，结果习惯熬夜的他天天睡眠不足，导致白天的工作效率大大降低。朋友劝他早点儿睡，他总说晚上效率高一点儿，结果到了晚上又习惯性地追剧。

就这样，网站开发进度慢如龟爬，本来一个非常简单的工作，愣是做了三个月都没有完成。他甚至找到各种理由搪塞敷衍，还认为这是自己的做事风格。结果，好脾气的老板最终忍无可忍，把他开除了。

没有了工作，小奇更是肆无忌惮地睡起觉来，再象征性地投了几份简历。拖延好像成了一种瘾，如影随形地跟着他，只要他想认真做事，就会有另一个声音出来阻止：反正还有明天，管他呢，又不是找不到工作。

一晃两三个月过去了，小奇只有寥寥数个面试机会，每一次都无疾而终。面对一次次失败，他更是信心受挫。眼看时间一天一天过去，懒散惯了的他只好放弃努力，不甘又无奈地回到国内，老实搬"砖"去了。

试想，如果小奇能直面课业压力不逃避，积极地跟老师、同学沟通；不在大半夜四处游荡，保持正常的作息，白天工作，晚上休息；找工作时稍微积极主动一点儿，每天投上几十份简历，每次面试都认真准备，不到最后一刻不放弃……

哪怕这么多的时间节点里，任意一次改变，一切都会不一样。小奇偏偏没有这样做，反而任由拖延发展，直至上瘾产生连锁反应，最后粉碎了他的梦想，吞噬了他的人生。

拖延这件事真的会上瘾，它会通过蝴蝶效应不断放大影响，最终造成不堪设想的后果。拖延就像滚雪球一样，越滚越大，最后形成雪崩。这是谁都不愿面对但又不得不面对的。

这就给我们提出更高的要求，既要防微杜渐，从微小的事情着手，绝不放过任何可能产生拖延的苗头，将拖延扼杀在摇篮里；又要及时止损，弥补已经由拖延造成的后果，不让漏洞继续扩大；还要时刻保持积极、专注的状态，一刻都不能松懈。

唯有这样，才能真正战胜拖延，享受高效人生。

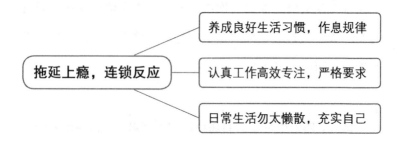

拖延上瘾，连锁反应

- 养成良好生活习惯，作息规律
- 认真工作高效专注，严格要求
- 日常生活勿太懒散，充实自己

✔ **克服拖延小贴士：**

1. 养成良好的生活习惯，改掉一些容易消耗时间的坏习惯，从小处着手解决拖延问题。

2. 该工作的时候专注、高效，对自己严格要求；该放松的时候彻底放松，以良好的精神状态迎接新一轮的工作。

3. 不要下班一回家就躺在沙发上刷手机，到了周末就一觉睡到中午，要找一些事情充实自己，如看书、练字、锻炼等。

➤ 成为拖垮团队的害群之马

拖延人档案：

小林，男，房地产业务专员。

拖延行为： 因为爱抱怨、做事拖拉，影响了身边同事的积极性，使整个团队拖延成风，陷入一种低效的工作状态。

拖延后果： 团队的关键指标完不成，负责人被迫离职，自己也免不了被替换。

在平常工作中，你一定遇到过这样的情况：身边总有那么一两个同事，天天懒懒散散，做事拖拖拉拉，喜欢怨天尤人。因为他们的拖延和抱怨，整个团队的状态都变得消极，计划经常被耽搁并打乱，项目进度滞后。

比如，大家一起做项目，当大多数人按时完成自己的那部分，只有少数人没有完成时，一定要等这几个人完成了项目才能继续推进。

那么，下次开会对进度，相信我的判断，一定会有更多的人不能按时完成，因为早做完了也需要等，不如晚点儿做完。在这样的氛围下，不知不觉中整个团队的效率都会变低。

又如，个别同事开会时随口抱怨了几句，说了一些泄气的话，大家的一腔热情顿时被浇灭，失望的情绪快速传播开来，进而感到灰心丧气。大家的情绪和积极性被影响了，结果问题没有解决，反而造成进一步的拖延。

集体任务中，通常会出现一种社会懈怠现象，即成员的努力程度往往比个人单独做某件事时更小。这就很好地解释了为什么有人喜欢滥竽充数。

那些原本努力、做事迅速的人，发觉原来不努力、不按时做完也能得到一样的结果，便会感到自己的努力毫无价值，从而变得懈怠，直到整个团队都弥漫着这样的氛围。试问，这样的团队还有什么战斗力可言？

就这样，因为个别人的拖延影响到身边的人，团队开始低效运行，直至拖垮整个团队。被个别人拖垮的团队不在少数，甚至可以说，绝大多数团队的崩溃是从一两个人开始的。

张豪做梦也不会想到，他辛辛苦苦创建的团队，最后会毁在一个爱拖延的毛头小伙子小林手里。

当初张豪招聘小林的时候，那个岗位已经空了好久，一直招不到合适的人。领导一再催促，他只好将几个候选人里颜值高、学历高的小林招进来，想着培养起来容易一些。

没想到，小林没有多大本事，倒是特别会抱怨。只要不满意公司的安排，他就有了可吐槽的点，并以此为借口延缓工作进度，导致错过很多本可以做成的好项目。

其他人原来都在努力地拓展项目，但是先后上会的几个项目都被否了，于是，小林开始大做文章，说公司的模式有问题，故意审核太严格是因为要平衡各团队的业绩……总之，都是公司、领导的问题。

大家本来就很受挫，再加上小林这么一说，一股消极的气氛立刻弥漫开来，也都不愿出去多跑项目了，每天只是正常上下班，还美其名曰"苦练内功"。小林本来就是混日子的，此时正好落得清闲。

张豪平时工作忙，还要经常跟高层领导沟通，对手下的想法关注比较少。这天，他照例去办公室开会，虽然一切都很顺利，但还是隐隐地感到一些不对劲，却也没有在意。

半年过去了，靠着张豪自己搞定的一个项目，他们团队勉强过了年中考核。这又给了很多人拖延的借口，心想，反正完不成还有领导顶着，自己做不做无所谓。

下半年的任务变重了，张豪更加忙碌。他深知，只靠自己一个人远远不够，想给团队成员加油打气，就准备了一场激情洋溢的演讲，列举了几个消极怠工的典型，希望重新唤起大家的信心。

但大家已经懒散了好几个月，团队的凝聚力早就散了，各怀鬼胎，消极怠工，从自己主动找项目到领导布置任务到人，才去象征性地看一看。

这样的团队精神让张豪有心无力——没有团队的支持，再好的项目都无法很快做好。时间一天一天过去，几番努力完全没有成果，他也慢慢失去了信心。

年终到了，团队在下半年一个项目都没能顺利落地，目标没有完成，主要责任人张豪被迫离职，团队最终解散。这一切对小林来说没有什么损失，只要再换个地方混日子就可以了。

有人认为，自己的拖延不会影响团队整体目标的实现，这显然是无稽之谈。因为团队成员之间会出现各种互动行为，如交流信息、分享资源等，各个成员之间、成员与团队之间都会相互影响。

拖延就像瘟疫，不仅会传染，还会快速传播，除了让自己效率低下外，还能传染给身边的人。之所以这样说，是因为个人受到拖延这一恶习纠缠时，情绪会产生很大的波动，相互间很容易传染。

更进一步扩展，拖延还会影响团队发展。我们几乎都在某个团队中生活或者工作，不可能脱离团队单独生存。一旦某个人或者更多的人有拖延的习惯，很可能使整个团队陷入拖延的怪圈。

所以，打造高效团队，要最大限度地凝聚向心力，提升战斗力，克服拖延，尤其是注意个人的消极情绪及拖延行为。

当团队中某个人开始出现消极情绪或者拖延迹象时，就要及时提醒，使其有危机感、紧迫感。同时，加强团队建设，必要时调整部分成员的工作岗位，绝不能让个别人的拖延拖垮整个团队。

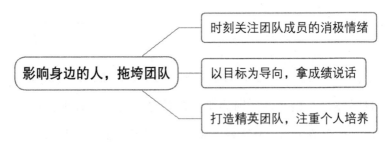

✔ **克服拖延小贴士：**

1. 时刻关注团队中每个成员的情绪变化，一旦出现拖延迹象须及时提醒，适时开展团队建设活动。必要时，对产生不良后果的拖延者严肃处理。

2. 以目标为导向，拿成绩说话；建立良性的竞争机制，制定合适的奖惩制度，营造积极进取、注重效率的团队氛围。

3. 打造精英团队，注重个人能力和职业素养的培养。

第三章

原因：诡异的
拖延心理症结

▶ 慢节奏的舒适圈越待越想待

拖延人档案：

小金，男，事业单位员工。

拖延现象：进入没有朝气的事业单位后，变得懒懒散散，养成拖延的恶习，影响到生活的方方面面，浪费了一身大好才华。

拖延后果：过了数十年看似安稳的生活，一朝变故，立刻陷入水深火热，变得一无所有。

有没有人察觉到自己的状态是在"温水煮青蛙"？水温的缓慢增高会放缓对危险的感知，有所醒悟时，却发现自己再也走不出来。

很多时候，我们本身并不拖延，却因进入一个安逸的环境而逐渐变得懒散、拖延起来。试想，周围的人都在混日子，只有自己非常积极主动却被大家排挤，那么自己也会选择安逸，逐渐养成拖延的恶习，本来满腔热情的人很快变得暮气沉沉。

这时候有人会说，自己处在一个大多数人不积极、拖延的环境中，是环境影响并造就了自己拖延的事实。但是，请记住：环境不是你选择拖延的借口，不应该埋怨环境。实际上，拖不拖延最终取决于你的心态。

人们选择拖延，很可能是因为当前所处的环境很安逸、很舒适，让你进入心理舒适区。我们需要摆脱这种安逸的环境，沉溺于现状无法自拔，最终有可能会被溺死。

都说废掉一个人最好的方式，就是让他闲下来。一个人一直没事做，或者习惯了慢慢做事，在太安逸的环境里待久了，除了养成拖延的恶习外，更会阻碍人生前进的道路——从小的拖延开始，慢慢影响到方方面面，而且会越陷越深，无法自拔。

一旦彻底屈从于死水般的环境和生活，人生只会剩下无尽的空虚。每天都很舒服，感觉从三十几岁就开始养老，让那些拼尽全力的人只有羡慕的份，但是把目光放得长远一些，差距立马显现。

著名作家李尚龙笔下的同学聚会就是很好的例子。5~10年的时候，稳定的体制内人员特别有优越感；15~20年时，情况慢慢发生变化，年轻时就开始拼搏的人员的优势开始显现；二三十年后，差距更加明显，习惯安逸的人只剩下羡慕的份儿了。

小金就是一个被所谓的"稳定"废掉的典型。

刚毕业时，小金非常有朝气。跟其他大学生一样，从第一份工作开始，他就积极主动、任劳任怨，做出了一些成绩。他虽拿着不高的薪水，住着格子间，却很享受这种充满激情的生活。

然而，转折发生在回老家的选择上。在大城市打拼了几年，由于高压力、高房价，再加上年纪不小了，父母一定要小金回去，进入他们工作的单位，图个安稳，也好找个差不多的姑娘赶紧结婚。

拗不过父母，小金只好辞掉已经有所成就的工作，回到家乡的一家事业单位。刚开始的时候，他还是坚持在大城市时的工作风格，果断、高效，却处处碰壁，因为其他人不愿意一天处理这么多事，谁会为了一个毛头小子自愿增加工作量呢？

在新单位，小金没有了以前那么多的任务，也没有了所谓的 KPI 考核，坐在办公室里象征性地做一些事情，就能轻松完成任务：一天八个小时，哪怕只工作两个小时，慢慢腾腾地都能完成。

这让小金闲得无所适从，感觉一下子从高压里释放出来，从时间根本不够用变成有大把的时间可以浪费，便不知不觉降低了工作效率，让自己快速"融入"新环境。

之前，小金就算再忙也会挤出时间培养一些兴趣爱好，或者看书考证提高自己的职业技能。闲下来以后，他反而不知道做什么好，毕竟身边的人都只是刷手机、玩游戏，几乎没有人学习。

于是，小金在极度无聊之下也开始刷手机，从朋友圈到知乎、微博、抖音，一刷到底，开始了每天混日子的人生。不久，他找了个同一家单位、没什么进取心的女孩子结婚，两个人的小日子过得倒也安稳。

然而，树欲静而风不止。过了十几年的安稳日子，小金的好日子就要到头了——事业单位破天荒地混改，整个单位都被撤销了。

小金夫妻俩工作十多年几乎没有积累什么有用的经验，而且习惯了拖延。他们找工作屡屡碰壁，如果回到以前的老本行就得从基层做起，薪水下降了不是一星半点儿。想到还有房贷、车贷，要养两个小孩，小金和老婆相拥而泣，流下悔恨的泪水。

某成功人士如是说："拥有美好人生的一个最好途径，就是不要试图过轻松的人生。"的确，世间最不靠谱的就是稳定二字，你所谓的稳定不过是在浪费生命。

稳定的环境通常意味着效率不高，而且很少有人重视效率，甚至会刻意打压高效的人。一旦进入这样的环境，你可能被他们同化，成为他们的一员，染上拖延恶习，随波逐流地生活。

我们要做的，就是大声地对这样的环境说"不"，敢于跳出舒适圈，拒绝拖延，尽可能规避环境对自己的负面影响，努力做最好的自己，以最好的姿态迎接每一天。

温水煮青蛙，通常让你感觉不到疼痛，却能让你深陷其中，不自觉地被影响、被改变。试想一下，如果我们本身就不贪图安逸，像青蛙一样一直跳呢？是不是再温的水，也不会成为我们的阻碍？

所以，不要总觉得是环境让自己变得低效、拖延，其实，问题在于自己的心态。自己愿意随波逐流还是逆流而上，是混吃等死还是纵横职场？高效的人，不会给自己任何拖延的借口。

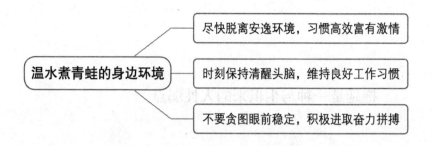

✔ **克服拖延小贴士：**

1. 跳出舒适圈，寻找富有激情、节奏快的环境，只是在里面待着都会成长。

2. 不要给自己的拖延找借口，环境是周边的，自律是对自己的基本要求。

3. 别在吃苦的年纪选择安逸，世上没有绝对的稳定。只有自己强大了，才能走到哪里都不怕。

➤ 拖延是一种与生俱来的人性弱点

拖延人档案：
顾赢，男，无业游民。

拖延现象： 生性懒散，好吃懒做，得过且过。遇到事情本能地拖延，不断为自己的拖延找借口。

拖延后果： 因为懒惰丢了工作，颓废在家，不愿意也找不到新工作，彻底放弃希望成为啃老族。

也许下面几种情况，你并不陌生：报告还没有完成，需要进一步修改，结果被其他不重要的事情打断，放在一边懒得改了。等上司来催交报告的时候，只好匆匆修改一下就交上去了，质量还不如改之前的。

早上起床的闹钟响了，但面对温暖的被窝，你总想再睡5分钟。结果睡过了点，只得草草洗漱上班，弄得自己匆匆忙忙，经常迟到。

面对堆积如山的工作，你立志一定要把落下的工作时间补回来。但面对诱人的电视节目、有趣的抖音视频、朋友的饭局邀请等，顿时犯懒，总觉得明天的状态会更好、效率更高。到了第二天，又出现许多事情，结果工作越积越多，拖延现象越来越严重。

在为拖延付出代价之前，我们总会心存侥幸地认为拖延一下无所谓。当拖延成为一种习惯，我们总是为自己找各种借口，就是不想马上工作。时间久了，你不得不与自己的惰性本能地展开一场旷日持久的对抗。

很多事情，也许根本算不上难事，只要稍微肯花点儿力气就能搞定。然而，习惯了拖延后，总有借口为自己的不行动合理化，最重要的因素就是惰性。懒的先例一开，就容易形成习惯，遇到事情能拖就拖，拖到哪里算哪里。

拖延和懒惰之间，存在不可分割、相辅相成的辩证关系。

惰性在拖延中滋生，拖延被惰性纵容；拖延不一定是因为懒惰，但懒惰肯定会造成拖延。两者相结合，便成为侵蚀灵魂和身体的绝佳借口，而且容易上瘾和传染。越是懒惰越是拖延，如此持续下去肯定会消磨意志，阻碍发展，陷入无限拖延的怪圈。

　　顾赢漫无目的地走在繁华的街头，这已经是他失业的第21天了，虽然陆续有面试机会，但他每次都失望而归。面对完全不知在哪里的下一份工作，他觉得自己大概没救了。

　　顾赢的上一份工作，就是因为太懒散而被辞退的。首先是迟到严重，公司设置了弹性的上班时间，晚半个小时可以不计入考勤，他偏要晚一个小时，理由竟然是早上起不来。

　　实际上，如果是双休日，顾赢从来不会在中午之前醒来。平时就更不用说了，他不愿意早睡，窝在沙发里可以看两三个小时电视，都不带换台的；到了床上，也是躺在被窝里继续刷手机，一刷几个小时，等反应过来时已是深夜了。

　　每次起床，顾赢要在床上赖一会儿，闹钟响了好几遍才不情愿地起床。到了办公室工作没一会儿，他就开始犯困，只要稍微闲下来就躲起来小憩，领导布置给他的任务从来不会及时完成，能拖就拖。经常被主管批评，他却不以为然，每次都以各种理由搪塞。

　　好几次，他也想挣扎着做完手头的工作，但每到关键时刻，懒劲就犯了，习惯性地选择对自己来说轻松的方式，再坚持一点点都是难上加难。他就这样得过且过着，想着明天一定要改变，可到了明天还是依旧，最终自己都放弃了努力。

直到顾赢被辞退的那天，他还觉得挺冤的，明明自己已经努力克服拖延了，为什么还是不行？他埋怨了身边所有的人，唯独没想到自己，心里想着："此处不留爷，自有留爷处。"

失业后，顾赢在家彻底颓废起来，懒得找工作、懒得做饭、懒得社交，通常是睡得昏天黑地，醒来就是没完没了地刷手机、看电视、玩游戏。直到钱包见底了，他才意识到要继续找工作。

但是懒散惯了，顾赢怎么可能去搜索自己喜欢的公司、静下心打磨简历呢？他每天只是象征性地投几份简历，有公司通知面试就去一下，也不好好准备，好像公司求着他似的。

这样必然屡屡碰壁，面试了好多家公司都没有合适的，这让顾赢更加没有坚持下去的信心。

这时候，家人怕顾赢在外面太辛苦，特意打了些钱过来。他一下子就感觉轻松了，又可以一段时间不用找工作了，原来理所当然地啃老也挺好。

心理学家乔治·哈里森说过："拖延、懒惰是一种不能按照自己本来意愿行事的精神状态，是缺乏意志力的表现。"虽然很多人觉得意志力与拖延并无关联，但不能否认，拖延的确是我们在惰性影响下导致行动力减弱而形成的一种坏习惯。

所谓拖延，看似是心疼自己别太累，实则是惰性在作怪，试图逃避困难，贪图安逸，害怕受苦。

很多看似堂而皇之的理由，只不过是个人懒惰和没有勇气的借口罢了。不要试图给自己的懒惰找任何借口，拥有正确的心态，让正确的事情发生，才是硬道理。

我们总因为自身的惰性而拖延。每当为了完成任务需要付出一定的努力或者做出某些抉择时，都会找借口让自己偷懒、放松，直到火烧眉毛时才意识到浪费了太多的时间，关键时刻又无从下手，导致任务无法及时完成。

如果你不能克服惰性，不立即付诸行动，就会在一味的拖延中沉沦下去，形成恶性循环，使自己成为彻头彻尾的失败者。

所以，即刻行动起来，不要让惰性成为人生的绊脚石。愿你战胜惰性，克服拖延，走向高效。

关键时刻坚持一下，不要因为犯懒而前功尽弃

人类的惰性本能

任何时候都不要因为懒惰而给拖延找借口

强迫自己动起来，适时制造一些压力甚至焦虑

✔ **克服拖延小贴士：**

1. 关键时刻坚持一下，不要因为犯懒而让之前的努力前功尽弃。

2. 成功的人找方法，失败的人找借口。懒惰只能让你爽一时、悔一世。

3. 适当地制造一些压力，让自己一旦出现拖延的症状，就在心理上产生负罪感，在肉体上付出应有的代价。

➤ 你拿什么去过自己想要的生活

拖延人档案：

小魏，女，编辑。

拖延现象：喜爱旅游，却永远停留在空想阶段；即使做了准备，也没有真正踏出旅行的步伐。

拖延后果：工作效率低，经常加班搞得自己精疲力尽。几年过去了，工作没换，想去的地方一个也没去。

很多时候，我们很喜欢幻想一些不切实际的东西，还自诩为"深度思考"。这样的想象，让很多人沉迷其中，忘记了行动。

例如，为了让工作更加全面细致，很多人会不由自主地陷入思考，酝酿出无数种方案、设想，却偏偏没有把这些方案落实。

想写一篇小说，在脑中构思了各种情节和结局，总觉得不满意，不断推翻重来，只是不曾见到一字真正落于纸上。那些天马行空的想法，也随着时间而烟消云散。

心中怀揣"梦想"，如在海边有一座大房子，面朝大海、春暖花开，工作在华尔街叱咤风云，休闲在海岛风花雪月。然而，一觉醒来，发现自己该继续搬"砖"了。

上述算不上思考，更谈不上梦想或者理想，最多只能是空想。思考与空想是两回事，思考是边想边做或想到做到，空想是想多做少或者只想不做；思考是务实、从实践出发的行动，空想常常天马行空、不切实际。

越是具备高度思考能力的人，越会采取积极有效的行动——他们从实际出发考虑问题，边行动边思考，从成果收益的角度衡量自己的每一项行动。正是因为他们懂得思考，所以行动时也更能有效地解决问题，创造成绩。

相反，很多爱空想的人幻想着奇迹发生，犹如画饼充饥。画饼的人不是不知道如何能够吃到饼，却总是不愿意付出实质性的努力。

一味空想，容易陶醉在自己的想象中。在想象中浪费了大量时间而没有行动，不会有任何成效，也不会产生任何实际收获，这无异于浪费生命。

随着一封"世界那么大，我想去看看"的辞职信红遍全国，一场说走就走的旅行成为很多人的愿望，也包括酷爱旅行的小魏。

小魏早就厌倦了眼前一成不变的工作，很早就想出去走走看看、换换环境。现在，她似乎有了更正当的理由，于是便开始认真规划起来。

她想，一定要先去云南大理，感受苍山洱海、风花雪月；然后走出国门，先是玩转泰国、新加坡、印度尼西亚，再去日本看樱花、泡温泉；等再有一点儿经济实力，可以去纽约看自由女神像，周游欧洲列国，甚至去北极看极光、非洲大草原看野生动物。

这一切，小魏光是想想就觉得幸福，一下午都在浏览旅游网站、各类旅游博客。然而，这些美好想象耽误了她做其他事情的时间——本来下午要交的稿子，被她拖到晚上。

好不容易熬到一个小长假，很多同事早早规划好了行程，订好了机票、酒店，开始了精彩的旅行。她则开启朋友圈游世界模式——刷到朋友圈里的景点总是人山人海，还暗自庆幸自己做了正确的决定，整个长假都宅在家里没有出去。

长假结束时，同事们带回了精彩绝伦的旅游照片和富有特色的小礼品，甚至整理出详细的游记，眉飞色舞地描述着充满传奇色彩的旅程。这时候，小魏又有点儿羡慕嫉妒恨了，后悔自己当初为什么没有抓住机会出去玩一次。

于是，小魏下定决心，下次小长假一定要出去玩，目标都定好了，就从云南开始。她甚至翻阅了大量的资料，做好了详细的旅游攻略，看样子是非去不可。然而，她没有早早地下单预订机票和酒店，临近出发时间才发现机票、酒店的价格飙升。看着自己有点儿干瘪的钱包，她再一次退却了。

第三次，小魏汲取教训，早早查好线路、预订了酒店和机票。要出发的前三天，由于她经常空想，工作效率低，每天加班弄得精疲力尽，难得有个假期只想躺在家里，就退了预订的机票和酒店。

就这样，时间过了一年又一年，小魏期待的改变依旧没有发生。她还是做着一成不变的工作，增长了年龄、皱纹和体重，却连一个想去的地方都没去过。

如果你也存有不切实际的幻想，就要想方设法克服这种危险的思维。因为一味空想，只能带来心理和行为上的双重拖延，只有切切实实地行动，才能将所有想法落到实处。

都说实践是检验真理的唯一标准，想法虽然很重要，但只有运用到实践中才会产生价值。只有付诸实践，才会争分夺秒，不至于让自己闲下来，白白浪费时间。

如果你有个不错的想法，那就立即付诸实践吧。如果你不行动起来，这个想法永远都不会实现。一个被付诸行动的普通想法，要比很多存在于脑海却没付诸实践的好想法更有价值。

一个没被付诸行动的想法，在脑子里停留得越久，它越会变弱，细节就会变得模糊。一段时间后，你就会把它全部忘记。

在成为实干家的同时，你可以实践更多的想法，也会在这个过程中产生更多新的想法。

更重要的是，当你真正开始实践心中的想法时，会发觉要做的事情还有很多，便没有时间再胡思乱想、找各种借口，拖延的问题就会得到极大改善。

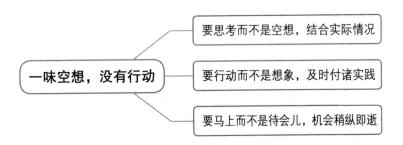

✔ **克服拖延小贴士：**

1. 要思考而不是空想。任何想法都建立在结合实际情况的基础上，不要在天马行空中迷失自我，那纯粹是在浪费时间。

2. 要行动而不是想象。好的想法要付诸行动，早点儿行动有助于早日达成目标。

3. 要马上而不是待会儿。没有所谓最好的时机，也没有完美的计划，不要让时机不对、想法不完美成为拖延的借口。

➤ 不做选择，后果也要自己承担

拖延人档案：

远山，男，学生。

拖延行为：之前都是别人替他做决定，轮到他自己做决定时总是害怕、摇摆不定，延后所有的决定，即使做了也不断分心。

拖延后果： 在留校和出国的纠结中既没有赶上申请，也错失了留校机会，只得加入找工作的大军，优势尽失。

相信很多人存在选择困难的问题。比如，看见两样礼物都很喜欢，唯有颜色不同，在选哪件上纠结半天；两套不同的方案各有优劣，开了几轮会都讨论不出结果；甚至两位异性同时对自己表达了好感，自己也对两个人都有感觉，这时候就纠结到底选哪一个好。

面对这样的纠结，我想大多数人的第一反应就是不选择，放到一边，过一阵子再说。因为很多人在成长过程中都有人替自己做决定，当需要自己独立做选择时，就会出现选择恐惧症，遇事犹豫不决，不愿承担后果。

每做一种选择，就意味着承担一种后果。

我们总喜欢本能地选择对自己有利的事情，既然选择了，就必须承担后果，而不是暂时不用面对，后面会发生什么也不用多考虑。既然这样，为什么要自己做选择？选错了怎么办？不如往后拖一拖。

很多人就是抱着这样的心态，把本该快速决定的事情拖得老长，把一件简单的事情处理得很复杂，花费了大量时间、精力却没有得到相应的结果。拖到最后还是要面对，不得不做出选择，这时的选择是在仓促中做的，结果并不比刚开始更好。

很多人只想到做出选择需要承担后果，却没有想到不做选择需要承担的恶果。其实，逃避选择只是在表面上拖延了时间，选项还摆在那里并没有减少，越晚越被动。

逃避也好，拖延也罢，在生活中时刻都面临层出不穷的选择。面对这些选择，我们只有勇于面对、果断决策、彻底执行，风景才更迷人。

即将毕业，远山走到了自己的人生十字路口。他将面临的选择，一是留在学校，得到一份衣食无忧的稳定工作，就是发展可能受到限制；二是出国深造，或许能够给他带来更大的成就，但也可能因为读不下来、留不下而失去一切。

在此之前，远山的人生四平八稳，几乎没有遇到过风浪。父母给他安排好了一切，从小学、初中到高中，一路都是读着最好的学校，填志愿、选专业都是父母替他做的决定。他从来没有自己做过什么选择，更不知道做出这样的选择意味着什么。

这时候，父母已经很久没有接触社会了，不太能给出中肯的意见，他只得求助于朋友们。朋友们七嘴八舌，支持两边的人数几乎均等，还有人认为他无论做什么决定都是好的。这让远山更加无所适从。

这两种选择都要做一定的准备，很花时间，而且准备留校可能就没有办法准备出国，所以，远山一直在纠结中摇摆不定。他试图把这两种选择的优劣势全都列出来，却始终无法取舍。

远山想得实在头疼，就去睡觉，过几天再想。

时间一天一天地过去，指导老师开始催远山准备留校的资料。他还没想好，只得先答应下来，象征性地准备一点点。这时，有些同学已经顺利拿到了国外名校的 offer，欣喜若狂地跟他炫耀。

这时候，他又觉得出国也是不错的选择，但自己连语言考试都没有考，一准备又是三个月。这期间，指导老师还是耐着性子催促他准备留校的资料，催了几次他没有反应，之后也就没有了消息。

远山虽然已经开始准备出国的考试了，但还会分一些心思准备留校的资料，以至于语言考试没有考好，又得重考一次。时间更加紧迫，他更加纠结选择哪边，搞得自己手足无措，夜不能寐。

其实，远山可以简简单单地选择一条路走下去，哪条路的结果都不会太差。但就因为举棋不定和摇摆拖延，他错过了申请出国的时间，也错失了留校的机会，只得加入千军万马的找工作的大军，为自己的拖延付出惨重的代价。

自己选的路，跪着也要走完；自己做的选择，要负起责任；自己造成的后果，要学会承担。这是潜意识里谁都懂的道理，但并不是每个人都愿意在操作层面接受这套价值观，总想着自己可以不选择，或者选择了却不愿意承担后果。实际上，不选择也要承担后果。

我们总想再等等，后面的也许会更好。事实上，也许眼前的选择才是最好的。就像找对象一样，因为不愿意将就而单着，但随着年龄的增长，到最后不得不将就，不然就承担孤独终老的后果。到最后才发现，原来最开始的选择才是最合适的。

既然不管选不选择都要承担后果，不选择可能付出的代价更大，不如果断一点儿，不把选择延后，让自己处于更加不利的局面，到最后不得不再次面临选择而浪费了宝贵的时间。

当然，面对重大选择时要慎重，但不意味着你可以不选；周全而缜密的思考是必要的，但不要让它成为拖延的借口；

对于做出的选择就要高效执行、坚持到底，这样才能把握人生的方向。

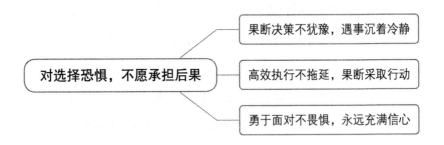

对选择恐惧，不愿承担后果
- 果断决策不犹豫，遇事沉着冷静
- 高效执行不拖延，果断采取行动
- 勇于面对不畏惧，永远充满信心

✔ **克服拖延小贴士：**

1.果断决策不犹豫。遇到事情沉着冷静，用最短的时间整理出一套可行的方案，然后据此做出最佳的决策。

2.高效执行不拖延。做出决策后，就不要怀疑决定的正确性，果断执行才是王道。

3.勇于面对不畏惧。害怕和畏惧是人的本能，战胜拖延就是在跟本能对抗。这注定是一件不容易的事，一定要有足够的自信。

➤ 害怕改变现状的若干原因

拖延人档案：
。。。。。
吴帆，女，离异。

拖延现象：遇事优柔寡断，面对选择犹豫纠结，害怕改变让自己不适应，没有勇气改变现状，对感情也是一再拖延。

拖延后果：面对挚爱，经过数年都没有修成正果，最终消失在彼此的世界里，各自悲伤。

要知道，我们长期从事某件事情就会形成惯性，惯性推动着自己每天机械般地上下班，做着枯燥、重复的工作。此时，我们的内心早已麻木，行尸走肉般地做一天和尚撞一天钟，变得沉迷于现状、得过且过。

每当有新事物、新问题出现时，这种改变甚至会打破原有的生活方式，让很多人的第一反应就是非常紧张、如临大敌，然后果断拒绝。除非有外界因素干预，否则绝不会主动改变自己去适应新环境和新要求。

这主要有两个原因：一是害怕自己难以适应改变之后的环境，没有做出改变的勇气和决心；二是即使希望改变，也因习惯了按部就班、得过且过，无法真正行动起来。

现状让我们更加舒适，改变的不确定性也让我们无法承受，于是习惯了现状，更加不愿意改变，也没有勇气改变，对未知带着本能的恐惧，一直待在自己的舒适圈里，用不断拖延来维持现状，对抗到来的改变。

这是为什么很多人会在一个地方工作一辈子，即使工作很糟心也不愿轻易离开的原因。很多人一生没有离开过自己生活的城市，他们不是不愿意，而是压根没想过去远方。还有很多人心里想着要改变现状，但是行动完全没有跟上。更有人觉得这样挺好，为什么要改变，改变有什么意义呢？

这一切，反映到行为上就是贪图安稳，拒绝改变，就算有外界压力真的需要改变，还是能缓则缓。这不仅会影响到将要进行的事情，就连正在做的事情都会受到牵连，效率变得更差。

吴帆离异后，一直没有找到合适的人结婚，不是没有人喜欢她，也不是她不想找，而是十几年来她习惯了一个人的生活，害怕有人进入她的生活会变得不适应，想想还是算了。

吴帆跟老公离婚完全是因为性格不合，磨合了十多年都跨不过那道坎。她是个慢性子，做什么事情都慢悠悠的，一点儿都不着急，她老公是个高效果敢、雷厉风行的人，从来都是说一不二。

吴帆经历了这段失败的婚姻，消沉了很长一段时间，一度不相信爱情，也慢慢习惯了一个人的生活，与世无争，岁月静好，直到那个男人出现在她的生活中。

那个男人高大、温柔、体贴，仿佛一阵春风吹进吴帆早就冰封的心里。两个人在各方面都非常契合，一下子相见如故、相识恨晚。交往一阵后，那个男人就向吴帆求婚了。

吴帆虽然心里特别高兴，但关键时刻反而退却了。她本就不是一个愿意改变的人，重组家庭会打乱她好不容易习惯的生活节奏，也不确定这份爱能坚持多久，所以她并没有回应，只是说需要时间考虑。

那个男人没有放弃，反而加倍对她好，一直陪在她身边，不断开导、安慰她，尽量不给她压力，给她充分的时间思考和接受。

吴帆内心其实已经深深爱上了对方，甚至已经有点儿离不开他，却始终没有勇气走到结婚那一步。

时间过得很快，又是一个春秋，日子过得不咸不淡。他们朝夕相处，却没有再捅破那层窗户纸。其间，男人悄悄试探，都被吴帆打马虎眼糊弄过去了。实际上，她每天都在纠结，却始终不敢下定决心。

一天，那个男人再次向吴帆求婚，并说家人已经给他办好了移民，他马上就要走了，恳求吴帆跟他一起走。这让吴帆顿时方寸大乱，这样的改变对她来说简直是难以承受的。

怎么办？去还是不去？去的话，自己之后怎么办？不去的话，可能就永远失去他了，这辈子再也找不到这样的好男人。男人见她犹豫，也没有强迫她立即表态，只是说某月某日在机场等她。

这一次，吴帆决心抛下一切说走就走。到了那天，她真的来到机场，却在最后一刻又被犹豫绊住脚步，眼睁睁地看着那个男人过了安检。飞机离开了她的视线，从此以后，那个男人也消失在她的世界里。

维持现状看似完全没有压力，甚至是轻松、愉悦的，但实际上会把未来的各种可能都锁死，让你的生活一眼望到头。选择维持现状就要承担相应的后果，这个后果一定比选择改变严重得多。

如果现在你经济拮据，不改变赚钱模式和消费习惯，就不要指望日后的经济状况会好转；现在一直不喜欢的工作，不要指望做着做着就喜欢了；不合适的对象，一定存在底层逻辑的不匹配，再怎么磨合都跨不过那条沟壑……

既然维持现状这条路注定走不下去，就不要继续浪费时间，果断改变。没有勇气也好，害怕失败也罢，如果做出改变最终却失败了，至少也算尝试过，探索了一种可能性，日后回忆也不会后悔。

万一成功了呢？你的人生轨迹都将发生变化，也可能获得自己想要的一切。就像流行的一句话所说："梦想还是要有的，万一实现了呢？"

有勇气改变，是自己给的，没有谁的勇气与生俱来，都是在不断实践中形成的。积极尝试改变，相应的拖延也会随着改变烟消云散。

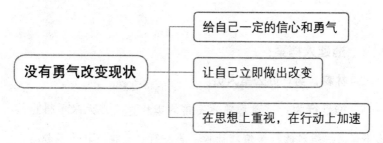

没有勇气改变现状
- 给自己一定的信心和勇气
- 让自己立即做出改变
- 在思想上重视，在行动上加速

✔ **克服拖延小贴士：**

1.很多时候，不逼自己都不知道自己有多优秀、多强大。还未拼尽全力，怎知自己不可以？

2.如果不喜欢现在的状态，或者现在的状态会成为发展的阻碍，不管有什么理由，请立即做出改变。

3.对于因为害怕改变而形成的拖延，最主要的是在思想上重视起来，在行动上加速起来。

➤ 本质上是因为内心的抗拒

拖延人档案：

林森，男，办公室人员。

拖延行为：不满意领导安排的工作，交涉无果不得已接下任务，强烈的抵触情绪让他一再拖延，不断做其他事分心。

拖延后果：加班到凌晨，报告还是没有写完，身心俱疲、满腹牢骚。好不容易提交了报告，被领导批评得一无是处，最后愤然离职。

在日常工作中，我们肯定会遇到很多不喜欢而又不得不做的事情。于是，很多人选择开小差、东磨西蹭、转移注意力等，表现出消极怠慢。

当然，有些人对工作任务产生抗拒心理时，会采取更加直接的方式，如降低工作标准、拖延工作时间、打乱工作顺序等表达不满。

当一个人被此类消极的想法左右时，必然表现出对进一步行动下去的不自觉抗拒，这个时候最容易产生拖延行为。

学生会因不想上学而赖床，上班族会因不想工作而消极怠工，肥胖者会因不想运动而躺在家里……

当你想做事时，总有两个声音同时响起，一个说："行动起来，一定会有好的结果。"另一个说："放弃吧，没用的，靠你自己改变不了什么。"两个声音相互打架，无止无休，让你头痛欲裂。

为了逃避这种感觉，最好的方法就是什么都不想、什么都不做。你会发现，当你做事的效率慢下来，这种声音会小很多；当你停下来不做，这样的声音便会完全停止。

为了获得清净，你真的就什么都不做了，结果便是实实在在的拖延。因为不想而不做，当你的内心产生抗拒时，这样的负面力量非常强大，足以阻止你做任何事情。

内心抗拒造成的拖延存在于生活的方方面面，让人抓狂。如果你试图改变，容易陷入一种鸡生蛋、蛋生鸡的死循环，原因造成结果，结果就是原因，必须依靠强大的内心力量或者外部因素介入才能破除这样的怪圈。

林森此刻本应躺在家里舒服地看着电视，现在却在空无一人的办公室加班。时钟已经过了 12 点，他还望着眼前的工作愤愤不平却又无可奈何。

事情的起因是，主管临时交给林森一项任务，这项任务对他来说是最不熟悉、最不愿做的——写报告。要说让他整理、盘点，做一些简单重复的活，哪怕很枯燥，他也会欣然接受，唯独写报告简直能要他的命。

林森心里一万个不情愿，几经交涉但还是拗不过领导，只得接下任务。他带着抵触情绪，迅速想到一个借口，夜深人静时思路会清晰一些。于是，从下午开始，他就各种打发时间，东晃西晃，玩玩手机，吃吃零食。

好不容易熬到下班，其他同事陆续走了，林森终于准备写了。由于下午没有做准备工作，他光是搜集材料就花了一个小时。望着铺满电脑屏幕的材料，他的第一反应就是不想写，于是再次开小差，下楼走一圈，买点儿吃的准备开始奋战。

林森写报告的进度很慢，每一段都是一个字一个字憋，越慢就越不想写，几乎每写出一段都要休息一会儿。时间一点一点流逝，他的报告关闭了又打开，打开了又关闭，在反复纠结中艰难前行，他实在不愿意却又不得不写。

时间过了 9 点，林森渐渐有了困意。他果断下楼，买了好几瓶红牛饮料，大有通宵夜战的架势。他想，反正有一晚上的时间，现在着急也没有用，于是更加优哉游哉。

然而，红牛没有给林森带来明显的提神效果，一阵阵困意还是袭来。恰巧这时主管打来电话，说明天一定要交报告。他看了看表，已经快 12 点了，心中更是充满怨念，这主管怎么不睡觉呢？

抱怨归抱怨，报告还是得写。在这样的情绪下，林森拼命凑字数，写一会儿就默念："好难啊，不想写了。"写作完全不在状态，要完成的报告更是遥遥无期，偏偏明天早晨就要交，他一下子跌入谷底。

现在是找不到人可以抱怨的时候，林森望着电脑显示屏发呆，不管做什么都好，只要不写报告。

没有人知道那天晚上林森是怎么过来的，只知道第二天开会的时候，他满眼血丝，被领导骂得狗血淋头。不久之后，他便愤然辞职了。

产生拖延的原因很多，如温水煮青蛙的环境、人类的惰性本能、一味空想没有行动、恐惧选择不愿承担后果、没有勇气改变现状，归根结底是因为内心的抗拒——抗拒行动、抗拒改变、抗拒别人，与人类的本性作斗争。

你以为抗拒是自己占据了主动权，实际上，你才是被动的那个；你以为是自己选择了抗拒，实际上是抗拒操控了你。抗拒是一种本能，克服抗拒才是本事，如同发脾气是本能，把脾气压回去才是本事，遵从本能算什么本事呢？

所以，越抗拒越脆弱，就像刺猬、穿山甲，身体被厚厚的铠甲包围，但在防御机制的背后是非常柔软的内心。内心抗拒改变的人，通常是敏感和脆弱的，稍有变动，就能将他们的伪装全部打碎。

直击内心就是改变拖延的开始，内心产生的抗拒，要靠内心来消除。越是不愿意面对自己，就越应该深刻剖析自己的内心，把自己的心掰开了、揉碎了，摊开来曝晒在阳光下，想想这一切到底是为什么。

这或许能够让人有所醒悟，长久以来的拖延也能得到改变。

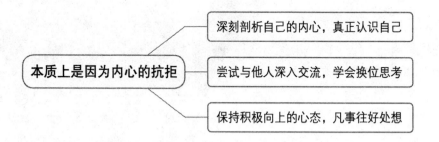

✔ **克服拖延小贴士：**

1.深刻剖析自己的内心。找个机会真正认识自己，想想自己到底要什么、适合什么、内心产生抗拒的原因是什么，一层一层地深挖，找到问题并对症下药。

2.尝试与他人深入交流。他人安排很多自己并不喜欢的工作总有原因，尝试深入交流一下，抗拒的心理就会减轻。

3.保持积极向上的心态。大多数抗拒来自消极的想法，而你本可换个角度思考，尽量往好的地方想。

第四章

行动：要么出众，
要么出局

➤ 行动起来，一切都会变得高效

行动者档案：

田恬，女，新闻媒体人。

行动措施：为了实现做新闻媒体人的理想，独自一人在国外打拼数年。想到的目标立马去达成，不放过每个机会，尽全力做到最好。

行动结果：从不知名的高中，一步一步走到名牌大学，再成为一名媒体人，每天都在践行梦想。

你是否有计划要做许多事情，如看书、运动、旅游，甚至寻找自己的另一半？如今已经过去大半年，当初设立的目标，现在达成了多少呢？

你是否在年初时买了很多专业书籍，打算工作之余要给自己充电，却早已遗忘在书柜的深处？

你是否对自己的体重或体型不满意，却总是以资深吃货标榜自己，控制不住高热量食品的诱惑，宁愿每天睡大觉、窝在沙发上玩手机，也不愿出去运动？

关于减肥，很多人有过相当深刻的领悟。夏天时，看着沙滩上大家尽情地晒马甲线、人鱼线，自己只能投去羡慕的目光，同时羞愧地藏起自己的大肚腩。

试想，如果冬天刚过去就开始积极准备，严格控制饮食，每天在家跳操、出去跑步，现在会怎样？虽然减肥是一个长期坚持的过程，如果都没有开始，又何谈长期坚持呢？

千里之行始于足下，不扫一屋何以扫天下。只有真正开始着手做一件事情，它才有完成的可能，才能从 0 变成 1，不然再多的准备都是 0，后面再加几个 0，也抵不上前面的一个 1。

当你认为什么都很难、都不想做的时候，立刻要做的事情就是收拾好心情，行动起来。因为无论做什么也比什么都不做强——在刷手机的马上放下手机，还在睡懒觉的马上给自己设一个闹钟，还窝在家里的马上穿上跑鞋走出家门，想看书的马上翻开。

当一切动起来后，你会发现做到这些并不是那么难。考虑让它动得更快、更有效率，这就需要合适的方式方法，在每一天的实践中逐渐提高，不断进步。

　　田恬从小是个自卑又内向的女生，不管是在小学还是初中，都因长得又黑又瘦小，被其他女生嫌弃，男生更是完全忽略她的存在，以至于她的心里一直布满阴霾，甚至高中时一度想要退学。

　　后来，父母将田恬送到国外读书，安顿在一户寄宿家庭，就近上了一所大学，学的是国际关系专业。正是这个专业，她找到了自己的兴趣和梦想，立志成为一名新闻媒体人。

　　找到自己真正想做的事情后，田恬就开始践行自己的梦想。首先，看书学习。以前专业课上不认真，听得云里雾里也就过去了，以至于后面越来越听不懂。现在，她得花大量精力把前面的课补回来，不会的地方第一时间问老师。周末，其他女生都在逛街、看电影，她却泡在图书馆里，把所有能找到的专业书都看了一遍，终于慢慢赶了上来。

　　然后，找实习。跟上学习节奏后，田恬立刻加入实习生的行列。各大招聘网站都被她浏览了个遍，学校的求职角也经常能看见她的身影。虽然每天投出去的简历犹如石沉大海一般，她一直都在坚持，珍惜每一个面试机会，事前都做好充分的准备。

　　正因如此，田恬大学四年都没有闲下来，总是在各种专业实习、竞赛、考试中度过。当别人在大四才开始准备找工作时，她已经拿到知名媒体发的 offer。虽然只是一个小助理，但那是她梦想开始的地方。

一开始，田恬的工作与其说是助理，不如说是打杂，什么活她都抢着干，而且用最短的时间做完。每一次，她都是接到任务后第一时间准备，连续战斗数天，几大页纸上都密密麻麻写满稿子。

只要想到的事情，田恬马上就会付诸实践，愿望一件件实现。终于，她争取到了采访的机会，从采访身边的人到街头随机采访，再到在摄影棚里采访嘉宾。她采访的社会名流越来越多，负责的节目也被越来越多的观众熟知。

田恬经常为了一个采访机会说走就走，不惜飞数千千米甚至跨过大半个地球。为了梦想，她一个人在国外打拼了十多年，时至今日仍然如此。就是这样一个追梦人，在纽约、上海、世界的每个角落，践行着平凡中的不平凡。

娱乐节目《中国好声音》的导师经常问这样一个问题：你的梦想是什么？其实，相比之下，我觉得更有价值的问题是：你什么时候开始真正实践自己的梦想？你打算怎样实现自己的梦想？

目标就像一座座大山，它不会自己过来，需要你走过去。目标又像彼岸，它不会自己靠近，需要你游过去。万里长征是一步一步走出来的，如果没有即刻行动的决心，又何来日后的革命胜利？

做一件事有两个最好的时机，一是十年前，二是现在。行动起来，什么时候都不会太晚；行动起来，什么都不会太难；行动起来，什么都阻挡不了你前进的步伐。

有的老奶奶 60 岁才开始认字，75 岁学写作，一年出一本书；有的老奶奶操劳一辈子，老伴去世后开始环球旅行，学会了几种语言；有的老奶奶，退休后开始学编程，80 岁时开发出一款 App；还有的老奶奶七八十岁才开始学 DJ，却能火爆全场。

她们在六七十岁的年纪都能说走就走，马上行动，更何况我们二三十岁的年轻人呢？所以，行动起来，什么时候都不算晚。告别拖延，即刻出发，追寻梦想的彼岸！

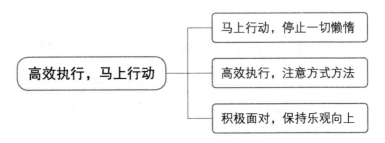

✔ **克服拖延小贴士：**

1. 马上行动：停止一切让你懒惰、拖延的行为，放开眼看一看，迈开腿走一走，伸出手动一动。

2. 高效执行：注意方式方法，做事认真踏实，不断在实践中磨炼专业能力，提高执行力和战斗力。

3. 积极面对：始终保持积极向上、乐观开朗的心态，直面各种挑战，不断开拓进取。

▶ 聚焦，专注做好眼前的事

行动者档案：

琦琦，女，文员。

行动措施： 把任务列在小本子上，按照重要与否排序，从重要的事情开始，每次只专注于手头的一件事情，做完一件再开始下一件。

行动成果：工作效率极大提高，受到领导和同事的好评，毫无悬念获得"优秀员工"的荣誉。

你有没有过这样的体验？当手头堆积了许多事情，上一刻决定开始行动时，下一刻就会陷入迷茫，要做的事情排山倒海而来，不知该做些什么，千头万绪，注意力始终不能集中，感觉特别烦躁，压力真大。

当你决定从第一件事开始做，而且只专注于做这件事时，就会立刻进入状态，思路清晰，也不会开小差、磨蹭，只想着如何快点儿做完。

通常，拖延、效率低下、行动力差的原因之一，就是你同时做着很多琐碎的事，忽略了眼下最重要的事。因此，你手上虽有很多事，但一定要慢慢来。

一次只做一件事，可以让我们变得专注。当我们集中注意力于某件事时，就会放下和忘记其他事情，大脑会努力搜索和当前这件事相关的信息，我们就会有更好的执行力和逻辑思维，大大提高效率。

同时，我们面临的压力也在不断减小。因为待办事项上长长的清单让我们倍感压力，如果只专注于眼前，后面无形的压力就会被暂时隐藏，面对正在做的事情即可。做事不再焦虑，心情就会变好，效率自然会提高。

效率得到提高，待办事项逐渐被完成，我们面临的压力就越来越小。

俗话说，伤其九指，不如断其一指。与其每件事都做到一半，不如将一件事情做好，这样更有成就感，能始终保持昂扬的斗志。

年底，琦琦毫无悬念地获得"优秀员工"的称号，而且荣升为主管。当她站在领奖台上时，笑容别提有多灿烂了。

就在半年前，琦琦还是经常被经理批评的职场小菜鸟。身为行政人员，她每天都有做不完的琐碎杂事，经常是多件事情同时做。

琦琦每天都非常忙碌，压力很大，为小事忙碌一天，大事一样没办好。最后时间所剩无几了，不得不加班到很晚，周末也无法休息。就算被迫加了班，效率也不会很高，效果也不是很好。

有时，事情一多就会乱了方寸，再加上领导的要求比较高，特别追求完美，以至于出了任何一点小错误，她都会被批评。

为此，琦琦改变了工作方法，掌握了事情要一件一件做、一次只做一件的道理。现在，她每天都有一大堆文件等着处理，要做的事情更多，特别琐碎，但完全看不出她焦虑的神情。

原来，秘密都在琦琦的小本子上。她把所有的待办事项写在上面，每天早晨上班后的第一件事就是快速思考今天要做哪些事情，然后一件一件地开始做。

她只需关注列表上要做的事情，把一件事做好、做透、做实。即使领导安排了其他临时任务，也是先记下来，并不会马上停下手头的事情去做。

在琦琦看来，任务总是要完成的，只是或早或晚的问题，全心全力做好一件事，肯定比分心同时做几件事效率高。即使完不成所有的事情，肯定也是做完了大部分，而不是每件事都只做了一半。

琦琦喜欢拿考试前的复习举例：很多人经历过期末考试，通常两天考三门。难道要平均分配时间，每门都复习几小时吗？其实，是需要集中精力复习马上考的那门，考完后再集中精力复习下一门。

工作的改变总是一点一滴的。琦琦用这套方法慢慢磨炼工作技巧，做起事来更加得心应手。由于她的专注和高效，领导渐渐地把更多、更重要的事情交给她。她也不负众望，成长为公司里的重要一员。

就像一双脚不能同时跳两场舞一样，事情要一件一件地做。很多工作纷繁复杂，我们不能急于求成、心浮气躁。因为再多的事情，对你来说只有眼前的这一件最重要，现在要做的就是把这件事做好。

我们总想同时处理很多件事情来提高效率，到最后每件事情都做到半吊子，搞得自己狼狈不堪。一次只做一件事，看起来很慢，却能大大提高工作效率和做事的成就感。

一次只做一件事，是有效治疗拖延的好办法。很多人觉得这么多事情，哪一件都不好做，干脆每件都做着，慢慢来。其实，这是一种逃避的表现，到最后，拖延的进度还得补上。

不要总想着完成整件事还得花多少时间，而是想着完成这件事情其实并不困难。看着任务列表上已完成的事项，让人感觉很有成就感。

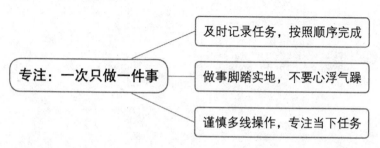

专注：一次只做一件事

- 及时记录任务，按照顺序完成
- 做事脚踏实地，不要心浮气躁
- 谨慎多线操作，专注当下任务

✔️ **克服拖延小贴士：**

1. 同时做着多件事情，并不能减轻眼下的压力。做事不彻底，一件都完不成，只会让手头的事情越堆越多，最后加班加点也无法完成。

2. 当需要同时处理多件事情时，不要手忙脚乱。把所有要做的事情全部记在一个小本子上，然后按照顺序去做，完成一件划掉一件，你会发现再多的事情都能高效完成。

3. 着手做事情时就要脚踏实地。一件事情完成再做另一件，不要因为难以推进就转头去做另一件，不要急于求成，也不要心浮气躁。

➤ 分清轻重缓急，先做重要的事

行动者档案：

余楠，女，服装贸易公司中层经理。

行动措施：学会分辨什么事情是重要的，将任务列表按照重要与否排列，将最重要的事情排到第一位，然后全力以赴。

行动成果：规划合理，工作效率大大提高。同时处理更多订单没有出过错，很快成为组里的主力，开始指导新员工。

在工作中，我们通常会同时接到好几项任务。由于时间紧急，每项任务都要马上开始，于是便乱了章法，不知道先做哪一件，导致大脑超负荷运转，最后一件事情都没有做好。

看上去是大脑运转不够快、做事效率不够高，实际上是我们不知道如何选择，优先做重要的事情，也不知道如何安排事情的先后顺序。

著名管理学家史蒂芬·科维提出了时间管理理论，即"四象限法则"，就是把事情按照重要和紧急程度划分为四个象限：重要且紧急、重要但不紧急、紧急但不重要、既不紧急也不重要。

然而，很多人无法在工作中很好地运用这个理论，因为他们不知如何评估一件事情的重要程度和得知一件事情的紧迫程度。这需要不断在实践中迭代认知，才能熟练运用。

做好事情轻重缓急的排序，首先要懂得分辨哪些事是重要且紧急的，是工作的主要压力和生活危机的主要来源，需要立刻着手且花费大量精力完成。如果不完成或者完成得不好，会造成严重的后果。

接下来是重要但不紧急的事情，因为有些事虽然看起来不紧急，却不能置之不理。如果不重视，它随时会发展成重要且紧急的事情。在平时的工作中，可以把它分解成小任务，每天做一些，有计划地完成。

紧急但不重要的事情通常具有迷惑性，也是我们忙碌且盲目的源头。有些事看上去很重要，但不紧急，即使完成不了也不会有太大损失。如果可以，尽量交给别人去做。

既不紧急也不重要的事情，就是那些可以让你短暂释放压力、调整身心状态的事情，在工作中不必花太多时间。

时间管理，对于每个职场人来说都是必修课。分清轻重缓急，可以让你最大限度地聚焦精力，用最短的时间完成最多的事情，以及用最宝贵的时间做最重要的事情。

余楠本是服装外贸公司的一名业务员，不到三年，她就从基层业务助理做到部门经理。

刚毕业时，余楠没有工作经验，也不太熟悉服装订单流程，做事完全没有章法。恰逢春节前订单高峰期，部门的每个人都忙疯了，任务太重，压力太大，以至于方寸大乱。

那段时间，余楠的大脑里总是一片空白，心里着急，但每天却不知道应该干些什么，对着上百封邮件，却不知道要优先处理哪些。她的跟单进度停滞，出现了严重的交货时间问题。

还好，部门经理娜姐不但没有责怪余楠，反而耐心地教她——哪些事情是重要的，哪些事情是紧急的。她把事情按照重要和紧急的顺序排好，一件一件地完成，最后慢慢地化解了危机。

余楠很快就认识到，仅仅整理出一份长长的工作清单是不够的，关键在于选择。此刻决定做一件事，等于决定了暂时不去做积压在清单里的其他事情。

每天早晨，余楠都会先浏览整个工作清单，选出一项最重要的事情，在一段时间内集中处理；之后再重新评估它是否仍为最重要的，这样就可以总是把精力集中在最重要的事情上。

在余楠看来，将最重要的事情排到第一位，然后全力以赴地去做，有一种脚踏实地的安全感。否则，注意力会一直被"我现在做的，真的是最重要的事吗""值不值得花时间，会不会又白忙活"这样的问题干扰。

余楠在不断的学习和实践中掌握了这种方法，并运用到日常工作中——哪些邮件必须第一时间回复，哪些邮件可以到了晚上再回复。每天什么时间段该做什么事情，她都有了比较合理的安排。

就这样，余楠的工作效率大大提高。通过合理规划，她可以同时处理比其他同事多得多的订单。由于她工作高效，正确率高，很快成为部门的主力，开始带一些新员工，慢慢肩负起管理职责。

再后来，部门经理娜姐因为个人原因离职了。她走之前，推荐了余楠。余楠在经理的位置上拥有了更大的施展空间，成绩显著。

正是因为余楠学会了分清轻重缓急的方法，她的工作效

率才会大大提高，从方寸大乱到从容不迫，从毫无章法到有
条不紊，再不会做事徒劳无功。

实际上，让我们觉得累的从来不是工作本身，而是不科
学的工作方法。每天同样是工作八小时，面对同样多的任务，
有的人早早完成了任务，愉快地享受生活；有的人总是加班，
拖着疲惫的身子回家。

很多人会因为麻烦而拖延，习惯性地先做完紧急和简单
的事情，却不愿意做真正需要的事情。这是因为重要的事情
一般都不容易，却非做不可，需要花费大量的时间和精力，
若拖到最后，在时间不够、身心俱疲的情况下去做，效果自
然大打折扣。

分清轻重缓急，先做最重要的事，是提高工作效率的重
要方法，也是体现个人能力的主要途径。不是所有的事情都
需要马上解决，也不是所有的事情花了时间就会有效果——
做事不是重点，选择才最重要。

合理规划先后顺序，会使工作效率提高很多。

事情本身有轻重缓急之分，做事顺序也应按照这样的标
准，这样，就可以在处理事情的时候抓大放小、有的放矢，
有方法、有条理地走出瞎忙的怪圈，有效克服拖延。

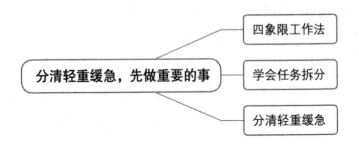

✔ **克服拖延小贴士：**

1. 四象限工作法：将要做的事情记录下来，按照重要和紧急程度分成四大类，再按顺序逐一处理。

2. 对一些费时费力但极其重要的事情，学会拆分，每天花一些时间完成一个小目标，循序渐进地完成。

3. 学会判断一件事情是否重要或者紧急，值不值得花时间和精力去做。

➤ 学会任务细分，建立明确的小目标

行动者档案：

王伦，男，大学教授。

行动措施：给自己确定一个可量化的目标，然后根据实际情况把大目标分解成一个个小目标，逐一完成。

行动成果：有条不紊地完成教学任务，每学期还能完成一篇 5000 字以上的论文，发表在全国排名靠前的杂志上。

自从"先赚一个亿的小目标"被提出来后，"小目标"这个词一下子就火了起来。但是，很多人把注意力集中在一个亿上，忽略了这句话本来的意思，甚至忽略了小目标本身。

这句话完整的表述应该是："如果你想当首富，可以先设置一个亿的小目标。心有多大，舞台就有多大，但是这个心和舞台要慢慢放大；目标可以很远大，但要分解到一个一个具体的、可以实现的小目标，再一步一步达到最终的

目标。"

其实，在平时的工作中，我们也有这样的体会：设置一个大而无当、模糊笼统的目标，通常会给人足够的时间、理由和借口去拖延，有时还会不知所措，不知应该如何完成。然后，在日复一日的自我麻痹中反复拖延，看着目标越来越远。

相反，有了一个明确且量化的目标，就可对其进行分解，而且分解得越细，越有可行性和执行力，也没有理由去拖延。这样，在不知不觉中，通过完成一个又一个小目标，大目标变得更容易实现。

比如，有些人的目标是减肥，少吃多运动。但这样的目标太过笼统，在多长时间减掉几斤算是减肥成功？吃多少算少吃？是每顿饭吃两大碗饭、一大碗肉算少，还是每顿一个水果算少？

怎样又算多运动？是每天走 5000 步，还是跑 5000 米，抑或是去健身房不停地锻炼一小时？没有具体的标准，目标没法衡量，根本无从谈论多运动。

如果目标设置成：一个月内瘦 10 斤。在此期间，中饭正常吃，晚饭一盘沙拉，每天喝一杯酸奶，跑 5000 米，睡觉前做 10 组卷腹。这个目标就非常直观、可量化，严格执行的话，相信一个月瘦 10 斤是有可能的。

有记者采访过一位马拉松冠军，问他是怎样坚持下来的。他回答："其实很简单，跑之前我会把路线走一遍，找一些标志性的建筑当成小目标，如烟囱、学校、商店、银行等，跑的时候把全程分成数个小目标，所以只需关注如何跑完每个小目标即可，不知不觉中，全程也就跑下来了。"

王伦是大学教授，也是一位非常和蔼可亲的老先生，很多学生愿意在他的指导下做研究。他给学生布置任务时，会告诉学生如何完成，平时也会就一些问题讨论。

每当有学生自告奋勇地想给王教授当助手时，他总是会问学生："这个学期结束时，你希望在哪些方面有所提升？提升到什么程度？我可以有针对性地培养你。"

这些学生之前完全没有做研究的经验，一下子就蒙了，回答什么的都有，但不是目标太笼统，就是不好执行，也无法检验，更不知道在哪些方面提升自己。

王伦早就想过自己的目标，这个学期结束时，完成一篇5000字以上的论文，然后发表在杂志上。现在，他已经做出详细的规划，包括如何达成这个目标，里面有哪些步骤，需要做哪些重要的事情……

王伦交给学生的第一个任务通常是根据书单去图书馆、

书店收集十多本书，用两个星期把与主题有关的正反观点整理出来。

学生拿着书单到图书馆、书店，好不容易把书找齐了，就在宿舍开启疯狂整理的模式。一开始，他们没有摸清头绪，把每本书都翻了一遍，熬了两个通宵却没整理出有用的信息。

上课时，王伦明显看到学生的黑眼圈。他没有责备学生，而是耐心地引导学生把目标细化。比如，用 14 天整理 14 本书，一天一本，不用精读，直接看关键字，先收集素材，最后再整合到一起。

有了这样的方法，不用每天熬夜，学生都能有效率地完成原来看似不可能的任务，研究也慢慢走上正轨。随着研究的深入，王伦布置的任务越来越重，有时说得很笼统，学生需要自己细化，让其成为可视的具体任务。

比如，两天内查阅几篇几百字的资料，一天采访几个同学、拿到几份问卷，每天写多少字但引用部分不能超过百分之几等。

这样做，即使加大工作量，学生也不会感觉不知所措，每天完成确定的任务，按照进度有条不紊地推进。到期末时，学生的论文就这样完成了，这在以前都是不敢想的。

很多学生在王伦手下学到了这个任务分解的方法，并且

用在自己的学习和生活中，都变成优秀的人。王伦也在自己
的教学生涯中稳定输出，越做越好。

　　我们制订的计划、设定的目标不能给人一种天方夜谭的
感觉，必须综合考虑自身能够接受的强度和工作量，以可实
现为基础。

　　一个宏大的计划，必须分解为可量化的小计划，才能落
到实处；每当实现一个阶段性计划，就可以给自己一点点奖
励，然后形成一个正向循环。当目标变得易于实现，拖延也
能得到有效改善。

　　确立好长期目标后，需要安排每月完成的任务，再分解
成每天要完成的任务。完成每月的任务时，需要复核、检查
完成的效果并及时调整。如果觉得太容易，可以适当增加任
务量；如果效果不尽如人意，则需要重新安排最后期限以及
月度任务量。

　　可量化的具体目标，要依据客观条件做出适当调整。没
有谁规定目标必须一成不变，只要你在尽自己所能一点点变
好，这个目标就是可达成的。

　　种一棵树最好的时间是十年前，其次是现在。如果你有
一个宏伟的目标，但是由于没有胆量而一再拖延，不如从当

下开始，把目标分解、微调、量化，并一步步地完成。完成分解的小目标后，大目标也就会慢慢变成现实。

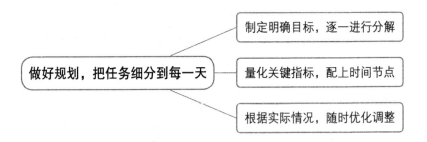

✔ **克服拖延小贴士：**

1. 不管是短期内的下一个阶段，还是整个人生，都要给自己确定一个明确的、可量化的目标。然后，根据实际情况把大目标分解成一个个可以实现的小目标，逐一完成。

2. 我们可以把一些关键指标量化，类似于 KPI 考核，配上时间节点，用数据考量目标实现的进度，分析自己的效率，将一切可视化，让目标变得容易实现。

3. 目标要根据实际情况随时调整，细化时掌握尺度，在保证实现可能性的同时略施加压力，让自己保持一定的紧迫感。

➤ 对自己好一点儿，更要对自己狠一点儿

行动者档案：

宋卿和子墨，情侣。

行动措施： 建立合适的奖惩制度，赏罚分明，奖惩有度，互相监督，一起面对各种挑战。

行动成果： 遇事不再犹豫不决，有效改善拖延，做事效率不断提高，一起做成很多事情，在共同进步的同时成为更优秀的自己。

小时候，我们就接触过各种奖惩制度。比如，帮忙做家务奖励零花钱，乖乖做作业奖励棒棒糖。如果做错了事情，就要接受惩罚，如打屁屁、站墙角、敲手心，或者抄课文……

学生时代，老师也会建立一定的奖惩制度。比如，让学习不好的同学坐到第一排，表现好的同学有小红花，学期末会评选优秀学生……

进入职场，奖惩制度更是无处不在，平时有各种 KPI 考核、优秀员工评选，最直接的就是升职加薪。

同样，奖惩制度也能用在战胜拖延的实践中，有助于我们更好地跟拖延作战。

然而，很多人更倾向于怪罪自己而不是鼓励自己。遇到挫败时觉得自己哪里都不行，成功时又不奖励自己，这样真的一点儿都不公平。

很多人在自责和贬低自己中拖延，以为这样就能改善拖延行为，至少让自己心里过得去。殊不知，单方面的自我否定换不来主观能动性，只会让拖延更严重。

实践证明，总是惩罚自己不但会消耗大量的心理能量，带来更多的压力，而且让我们无力自控，无法理性思考，也不能振作起来克服拖延。

相反，适时地奖励自己，对自己好一点儿，学会接纳不完美的自己，在暂时失败时自我安慰，在获得阶段性胜利时庆祝一下，都会帮助我们增加意志力和自控力，更好地战胜拖延。

比如，当你处理完很多积压许久的事情时，可奖励自己一件小礼物；当你集中精力达成某项成就时，可以给自己留出几分钟发个朋友圈炫耀一下；当你攻克某个大目标后，可以奖励自己一次想了很久的旅行。

对自己有更多的肯定，工作起来才会更加得心应手，在快乐工作中收获久违的成就感。

宋卿和子墨是在朋友饭局上认识的，一开始他们就在群里聊得火热，私下聊天时更有一种相识恨晚的感觉。单独见了几次面后，两人就自然而然地走到了一起。

随着了解的深入，子墨发现宋卿是个慢性子，甚至有点儿拖拉，计划半天就是看不见实际行动，做决定也犹豫不决，总是瞻前顾后；自己则是个急性子，做事雷厉风行，容不得半点儿拖延。

子墨深知宋卿这样的性格和做事方式不是一两天养成的，短期内改变比较困难，长此以往肯定会影响到他的发展，但又怕直截了当地劝说伤了他的自尊，影响两人的感情。

子墨心想，如果适时给宋卿一点儿甜头，应该能够充分激发他的动力。于是，从短期的共同学习计划开始，子墨就不断督促宋卿尽快做好规划，并开始实施。

宋卿每前进一步，子墨就会给他一个小奖励，如一个灿烂的笑容、一个大大的拥抱、周末请他看场电影。如果宋卿完成了阶段性的大目标，他们则会一起吃顿庆祝大餐，或去一个他们都想去的地方。

在子墨的影响下，宋卿慢慢地改变了一些拖延的习惯，变得积极主动起来，也更为有主见，在一些小事上不再反复纠结。

看到宋卿的变化，子墨的心里笑开了花，她又不断提高对宋卿的要求，毕竟这样的改变微乎其微，需要加大剂量。

于是，子墨引入惩罚机制，获得奖励的难度增加。这让宋卿有了很大的压力，他只得想方设法让自己更加高效行动，争取赶上子墨的脚步。

在这种情况下，子墨丝毫没有放松要求，她引导宋卿逐步建立起奖惩制度，因为她不能随时陪在他身边监督。

宋卿在不断进步，虽然奖励的次数远远大于惩罚，但奖励时是开心和甜蜜的，惩罚起来也丝毫不含糊。因为没有完成任务时子墨几天不理他，直到他完成任务再见面。

就这样，在子墨的鼓励和威逼利诱下，宋卿完成了很多自己之前都无法想象的事情，慢慢克服了拖延，朝着更优秀的方向不断迈进。两个人的感情也越来越好。

在克服拖延的过程中，一个不可缺少的条件就是建立适当的奖惩制度。奖励是一种肯定与表扬，让人继续保持，惩罚则是为了减少或消除这种行为。

无论是奖励还是惩罚，其目的都是激励个人做出正确的行为，是一种强化手段。

如果我们能主动、自觉、有意识地为克服拖延的行动做出评判，并给予应有的奖励或惩罚，那么，克服拖延的行为就能够保持或改善。如果我们能对自己的每一次努力都表示肯定和赞赏，就会更加愿意坚持，以得到更多、更好的结果。

当然，奖惩制度要合适，和自己的付出以及承担的代价成正比。奖励是自己真正需要的，才会为了它努力完成目标；惩罚也应有所分量，做不到就要付出让人印象深刻的代价，这样才能牢牢记住、时时鞭策。

当然，相对他人对自己克服拖延行为的认同，自我认同更为重要。因为个人在不断自我奖励或惩罚中，获得了克服拖延的更大勇气。自我认同才是最大的奖励，拖延是完全可以战胜的。

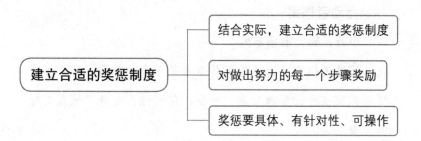

结合实际，建立合适的奖惩制度

建立合适的奖惩制度 ——对做出努力的每一个步骤奖励

奖惩要具体、有针对性、可操作

✔ **克服拖延小贴士：**

1. 结合自己的实际情况建立一套奖励制度，获得成就时奖励自己。同时，惩罚自己的拖延心理和行为，时刻提醒自己。

2. 对做出努力的每个步骤进行奖励，而不仅仅只是奖励最终的成就。这样，做的过程能有更大的积极性。

3. 奖励和惩罚要有具体性、针对性、可操作性，找准痛点和刺激点，对症下药，才能在最短的时间内达到最佳效果。

▶ 培养有效的时间感知能力

行动者档案：
小万，男，市场专员。

行动者档案：记录做每件事情花了多少时间，每天完成了哪几项工作，弄清效率何时高、何时低，有意识地克制时间浪费。

行动者成果：玩手机的时间渐渐减少，上下班路上、睡觉前的时间都能利用起来看书，每天挤出一些时间准备专业职称考试。

有些人通常感觉很纳闷，明明没有干什么，时间却从指缝间悄悄溜走——一两天仿佛一眨眼，一两年转瞬即逝，八年、十年一晃而过。这些人就开始抱怨时间不够用，精力有限，每天都很累，提不起劲做其他事情。实际上，他们并没有做什么消耗精力和体力的事情。

那么，这些人的时间和精力用在哪里了呢？

其实，很多人在无形中把大部分时间和精力花在了毫无意义的琐事上，如刷朋友圈、微博、抖音、肥皂剧……这些事情并不能令自己的能力有所提升，却在消耗自己的体力、精力。

认真做事时，即使只刷几分钟手机，其影响远远不止几分钟，可能是半小时或者一小时，严重影响工作效率。就像在高速公路上飞驰的汽车，可能只是在服务区停下来上个洗手间，就能从城市的一端开到另一端。

现在，很多手机软件刻意隐藏了顶部的时间，淡化时间概念。本来只想刷几分钟休闲娱乐一下，没想到看完一段还有下一段，越刷越起劲，越刷越沉迷，等反应过来时已经过去一个小时。

这就不得不提到现在有一种新经济叫眼球经济，也叫注意力经济。在新的市场环境下，注意力本身就是财富，获得注意力就获得了一种持久的财富。这种财富能够延续、累加，使你获取任何东西时都能处于优先位置。

其原因在于，时间对任何人都是公平的，一天只有 24 小时，不会多也不会少。如果关注某件事情多一分钟，关注另一件事情就会少一分钟，本质上这是一个零和游戏。

站在市场的角度，好的软件应该如同空气一样，让用户离不开，无时无刻都在身边。这也是很多人沉溺其中无法自拔的原因。

正因如此，我们更应该学会感知时间，珍惜当下，打败拖延，把时间用在更有意义的事情上。

外地分公司的同事小贾来总公司出差，市场部的小万作为接待人员，邀请小贾在当地最热闹的步行街吃饭。

实际上，小万也是第一次来步行街，平时他并不怎么出来逛，一般都宅在家里。

吃完饭，他们走到一家挺有文艺范儿的书店。小贾随手拿起几本书，问小万喜欢看什么类型的书。小万说没有特别喜欢的类型，平常也很少看书。

小万又被问到看过几部完整的电视剧或者电影，是否运动、旅游时，他也一概答不上来。小贾质疑地问："那你的时间都用到哪里去了？"

小万挠挠头，努力回想了一下，原来自己每天吃完饭后就开始玩手机，看朋友圈、刷抖音、上淘宝、玩微博，零星地看一些综艺节目和肥皂剧，然后就睡觉了，想考的职业证也只是停留在想的阶段。

后来，小万接受小贾的建议，弄了一本手账，记录每天的时间都用在哪里，甚至精确到分钟。比如，一天究竟有多少时间用来玩手机，花多少时间做别的事情。

其实，还能用这样的方法记录每项工作花了多少时间，记录每天完成了哪几项工作，这样就能知道为什么自己的效率总是不高，还有哪些时间可以省出来。

过了几天，小万发现这个方法确实非常有用。他清楚地知道时间用在了哪里，如刷两分钟手机，花掉的却是 8~10 分钟，有时甚至是一小时。

慢慢地，小万开始控制玩手机的时间，每天挤出一些时间复习职业资格考试资料，或做其他的事情。上下班路上、睡觉前的时间能利用起来看一些书，不再浑浑噩噩地度日。

时间用到哪儿了，效果是能看出来的。看的书多了，见识自然广，考虑问题更加深入全面；同样的手艺，次数多了，自然更能熟练掌握。

著名的"一万小时定律"解释道：想要精通一项技能，至少要练习一万小时。时间从哪里来，还不是平常生活中一点一滴积累出来的。但时间对每个人都是公平的，一天只有 24 小时，这也是为什么有的人上班几年就节节高升，有些人却在原地踏步。

朱自清在《匆匆》里写道："我不知道他们给了我多少日子；但我的手确实是渐渐空虚了。在默默里算着，八千多日子已经从我手中溜去；像针尖上一滴水滴在大海里。我的日子滴在时间的流里，没有声音，也没有影子。我不禁头涔涔而泪潸潸了。"

人生短暂，恰如白驹过隙，倏忽即逝。人生有很多美好，却总在不经意间被我们挥霍殆尽。我们早已习惯失去之后才追悔莫及，只能默默吞下自己造成的苦果。

一个人最重要的资产不是房子，不是存款，而是时间。你把时间放在哪里，你的未来就在哪里；你把精力花在哪里，就决定了你成为什么样的人。

选择把时间用在口腹之欲上，你可能看起来越来越圆润；用在打扮上，从形象到品位上都会有巨大的提升；用在社交上，可能会拥有广泛的人脉；用在投资自己身上，必将收获一个全新的自我。

珍惜时间，有意识地培养时间感知能力，最简单的方法就是闭上眼睛，听着秒表走 60 下再睁开眼睛——一分钟就这样过去了，再也回不来。

当你能意识到时间在源源不断地流走时，便会自觉地行动起来，极大地改善拖延的状况。

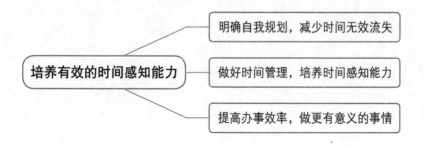

培养有效的时间感知能力
- 明确自我规划，减少时间无效流失
- 做好时间管理，培养时间感知能力
- 提高办事效率，做更有意义的事情

✔ **克服拖延小贴士：**

1. 珍惜时间，首先要有个明确的规划。想清楚哪些事情是一定要做且值得花大量的时间，哪些事情可以不做，等重要的事情做完再视情况而定。

2. 做好时间管理，培养对时间的感知能力。对所花时间做一个记录，清楚地知道每天在什么时间段做了哪些事情，哪些时间可以节省下来。

3. 时间是挤出来的，更是选择出来的。提高效率的同时，把时间用在更有意义的事情上。

第五章

相信：生活
需要自律力

▶ 建立安全感，强化自我暗示

行动者档案：

小海，男，励志师。

行动措施：在心里建立安全感，强化自我暗示，不害怕失败，任何时候都坚定地相信自己一定可以，积极、认真对待每项任务。

行动成果：不仅自己走出拖延怪圈，成为一名优秀的励志讲师，还帮助更多的人摆脱拖延症。

在当今社会，越来越多的人认识到，任何人都无法消除风险，只能尽量避免风险或者使其损失最小化，并尽最大努力营造一个有安全感的环境。

安全感是人们从事一切活动的支点，也是战胜拖延的起点。总爱拖延的人与成功的人比较，他们的安全感是不一样的，得到的结果也不一样。

如果没有足够的职业安全感，他们的职业动机会变得模糊，进而对职业产生疲劳。在工作中克服这种疲劳，不是一件容易的事，但也不是不能实现的。如果想办法注入新的活力，往里面加点儿料，或许这种疲劳会有所减少。

喜欢拖延的人，通常安全感和自信都不足，总抱着得过且过的态度，认为很多事情再努力也没用，不相信自己拥有改变的力量。所以，他们放弃努力，理所当然地拖延下去。

成功的人，从来不会怀疑自己的能力。他们相信，自己有能力应付所有的事情，不会被问题难倒。正是这份自信，激励了他们自我实现的力量，进行积极的自我暗示。

建立安全感，通常源于强大的自我暗示。这种由内而外的自信时刻提醒着：我不畏挑战，我是最棒的，我一定会战胜拖延。

只要建立这种安全感，然后基于这样的感觉做出决定，人生很快就会有所改观——做任何被耽搁许久的事情，都会随即感到一种从未有过的轻松愉快油然而生。

就像银行里有一定的存款能给人安全感一样，一想到自己有战胜拖延的底气和决心，凡是与拖延有关的行为都会退让，专注于真正重要的事情，进而摆脱拖延。

小海从小就不爱说话，是个自卑的孩子。20多年过去了，他已经成长为一名合格的励志讲师。台上的他，出口成章，自信满满，不断给人信心、力量。这让人很难想象，两三年前，他完全是另一种样子。

小海的第一份工作是在一家网络教育公司做老师。因为自卑，他总是担心自己能力不行，不愿第一时间面对问题，不敢放开手做，以至于耽误了工作进度。

老板不但没有生气，反而耐心地开导他，带他去现场参观学习其他老师怎样准备课件、录制课程。

其实，每位老师第一次在台前都会紧张，有时一节课要录好几遍，过程简直让人崩溃。但是经过一次又一次的磨炼，那些老师都变得可以独挑大梁，在镜头前侃侃而谈，激情满满，像是有一种力量在激励他们。

小海对老板说过的印象最深的一句话就是："不要因为害怕失败在徘徊犹豫中驻足不前，只管去做，有不适应的随时调整，但是永远不要停下行动的脚步。公司是你最强大的后盾，相信你一定可以成功。"

有了这样的鼓励，看到同事都干劲十足，小海的心里也像吃了定心丸，顾虑少了很多，他在拿到任务的第一时间就积极准备、反复练习。

"你一定可以成功"，这句话成为小海的护身符。

虽然如此，第一次上台时，小海还是有些紧张，他深吸一口气，心中默念"我一定可以"，果然，紧张感消失不少。每当他讲不下去时，心中就会响起那句话，最终他还算顺利地讲完自己花很长时间准备的课程。

小海的信心一下子大增，原来自己真的可以做到。

备课、上课都是体力活，需要花费大量的时间和精力，而且特别枯燥乏味，所以很多人只做了一段时间便会离开。小海虽然也有过迷茫和动摇，但只要想到现在做的是多么有意义的事，甚至改变了自己的人生，便义无反顾地坚持下去。

随着小海上课的技巧越来越纯熟，他开始觉得教人知识不如教人建立自信，因为有了自信，做很多事情便有了主观能动性。于是，他踏上成为励志讲师的道路，把自己的心路历程做成视频课程，分享给更多的人，给他们带去自信和力量，也帮助越来越多的人立即行动起来。

强化心理暗示，就是增强走向成功的可能。

由此可见，心理暗示的力量是强大的。它能最大限度地激发人的主观能动性和潜力，给人以力量，完成以前不敢想象的事情，变不可能为可能。

谎言说了一万遍都能成为真理，更不用说本来就是真理的真理。对于改变拖延和成功来说，也是一样的。如果连自己都不相信自己能战胜拖延、走向成功，一切行动都将成为空中楼阁，到最后镜花水月一场空。

建立安全感是一切的基础，自己相信了，心里才有底气，才能指望别人相信。通过心理活动影响行为，行为不再拖延，才会更加坚定自己的信念。通过这样的良性循环，再多的拖延行为都能一点一点改变。

心理暗示带给人的不仅是动力，更是目标，是不达目的誓不罢休、永不言败的精神。就像灯塔的光穿越迷雾，为大海里航行的船指引前进的方向。

所以，要想摆脱拖延，第一步就是从内心开始，建立安全感，给自己足够的心理暗示，相信自己一定可以。

建立安全感，强化自我暗示	建立完全感，对自己充满信心
	既要志存高远，也要脚踏实地
	根据实际情况，随时优化调整

✔ **克服拖延小贴士：**

1.建立安全感，心里有底气，时刻告诉自己：我是最棒的。

2.既要心怀梦想，又要一步一个脚印，带着信心和勇气付诸实践。

3.拖延不可怕，可怕的是明知自己拖延而不知如何解决，放弃对拖延的抵抗。因此，一定要正确认识自己，正视问题，不再逃避。

➤ 由浅入深，从喜欢到热爱

行动者档案：

老吉，男，期货公司交易师。

行动措施： 找到自己热爱且愿意为之奋斗一生的事业，立刻将想法付诸行动，倾注全部心血。

行动成果：跳出拖延的环境，成为交易师和知名自媒体人，建立自己的理论体系，实现财务自由。

不知你是否发现，当从事自己热爱的事业时，自己的主观能动性和效率会大大提高，心中充满激情，即使长时间连续工作都不会觉得累；当做着自己不喜欢的事情时，就会被内心本能的抵触情绪包围，然后用拖延来消极对抗。

通常，一个人喜欢拖延，很大程度上源于做着自己不喜欢的事情而不得不做。由于内心抵触，做事缺乏主观能动性，精力不集中，效率自然不会高。做不出成绩，信心自然丧失，下意识地选择逃避，不断做其他事情来拖延。

一进一退，差别就出来了：一个是良性循环，越热爱越高效；一个是恶性循环，越消极越拖延。这就告诉我们，一定要热爱自己从事的事业。

当你热爱一件事情的时候，就会不自觉地将大量的时间和精力扑在上面，不计回报，全心全力。为了能多学一些技能，苦点累点都不怕，完全沉浸在热爱的海洋里。

在这样强大的动力之下，拖延是根本不存在的，更不会为了拖延找借口，只会觉得自己的时间不够用，要学要练的事情还有很多，总是思考着怎样用更少的时间学到更多的东西、完成更多的事情。

因为热爱，所以专注、执着，效率肯定很高；因为热爱，不惧失败，有信心迎接各种挑战。有了效率、有了信心，自然容易做出成绩。成就感则会更加强化自己的热爱，形成良性循环。

年近 50 岁的老吉回想起 20 多年前的自己，觉得自己完全变了一个人。这一切的改变，要从他机缘巧合地接触到二级市场交易这项事业开始说起。

之前，老吉就跟每个平凡的研究助手一样，每天的工作内容都差不多，在实验室里以极低的效率和消极的态度刷着试管。

他的工作环境也是这样，少数人醉心于科研，多数人是在谋一份差事。大家都只局限于眼前的工作和环境，根本没有人告诉他：外面的世界很精彩。

直到有一天，老吉碰见从南方回来的小舅。小舅介绍他去朋友的期货公司帮忙几天，从此他接触到资本市场，并产生了浓厚的兴趣——原来，世界可以这么刺激！

打开了新世界，老吉兴奋得睡不着觉，每天的心情跟随市场行情浮动——看见盘面数字飙升就血脉贲张，看见数字暴跌就心跳加速。这远比在实验室中机械地刷试管有意思。

老吉很快就辞掉了研究所的工作，经常盯盘盯一整晚，两眼血红都不知疲倦。不盯盘的时候，他就拼命地看这方面的书籍。那个年代资料比较少，市面上能找得到的书，他几乎都看过了。

短短几个月，老吉不知不觉竟然看完了几十本书，俨然从一无所知的"小白"变成半个专家，说起各种分析方法、交易手法来如数家珍，他的身价随着市场实践的增多不断水涨船高。

老吉整个人的状态完全改变了，从以前的眼神空洞游离到现在的整天闪着光芒，从漫无目的游荡到敏锐精确地寻找目标。如果说从前的他浪费时间是常态，现在的他就是分秒必争，不放过任何可能的机会。

后来，老吉正好碰上自媒体的窗口期。他总结归纳出一套理论体系，于是开始写公众号。为了把公众号写好，他又找来一堆资料看起来，不断学习，自我迭代，学以致用。

因为投入了大量心血，从借鉴别人到自己完全输出且日更，老吉只用了几个月。他的一腔热血终于有了回报，在业界开始小有名气，40多岁就实现了财务自由。

如果你下定决心从事目前的工作，请先试着热爱它；如果你不知道自己到底喜欢什么、适合什么，可以找一个自己比较感兴趣的领域做一些尝试，给自己几次试错的机会。

一旦下定决心做下去，就要坚持到底，从只是感兴趣发展到内心深处的热爱，从一份职业发展成一份事业。不要三心二意，更不要三天打鱼两天晒网，只有坚持下去，才会发觉一切付出都是值得的。

热爱的力量是伟大的。有了自己热爱的事业，首先就会从观念上改变，主动做事情而不是被迫做。就像每天早晨叫醒你的不是闹钟，而是梦想；每天使你充满动力的，不是咖啡、红牛，而是发自内心的热爱。

如果说目标是一盏明灯，那么热爱就是内生的、无穷无尽的动力。前进道路上的任何艰难险阻，也会因热爱被消灭，为勇往直前让出一条康庄大道。

心态能影响思想意识，带来行为上的改变。高效行为能带来效率的大幅提升，所以，请热爱你所从事的事业，战胜拖延必定指日可待。

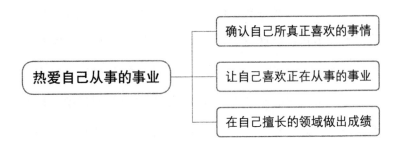

✔ **克服拖延小贴士：**

1. 扪心自问，目前正在从事的工作是不是自己真正喜欢的？自己有没有一项热爱的事业可以为之奋斗终生？

2. 有条件的话，做自己真正喜欢的工作；如果一定要从事目前的工作，想办法让自己喜欢它，多想想它的好处，给自己一些自信和鼓励。

3. 在自己喜欢和擅长的领域尽快做出一些成绩，增强自信，证明自己当初的选择和坚持没错，从而更加热爱。

➤ 不要太紧张，没什么大不了的

行动者档案：

文杰，男，高二学生。

行动措施：学会控制自己的紧张和担心，建立自信；集中精力准备眼前的事情，不用太在意结果。

行动成果：比赛中沉着冷静，超常发挥，获得超出预期的结果，顺利拿到比赛第一的好成绩，博得满堂喝彩。

墨菲定律对大家来说都不陌生，它说的是：如果坏事有可能发生，不管这种可能性有多小，它总会发生，并引起最大可能的损失。

在生活中，最直观的体现就是：一些人总是有杞人忧天的思想，担心最坏的情况发生。结果，不担心没事，一担心就真的是越担心什么，越容易出现担心的结果，而这个结果一定是最坏的。

在工作中，也常常出现这样的结果。拿到任务后，第一时间不是想着如何完成，而是担心结果会如何。在完成任务的过程中，还经常担心和预期结果不一致。

这样的想法，对推进任务进度没有丝毫帮助，反而让你变得越来越紧张，不知所措，错过完成的最佳时间，最终与预期结果大相径庭，却与担心的最差结果吻合。

在克服拖延的过程中，很多人明明下定决心，也做了很多努力，改变了很多行为，却没有坚持几天就再次回到拖延状态。这个过程反复上演，到最后丧失自信，甚至认为自己永远改不了拖延的恶习。

这很大一部分的原因在于过分在乎结果。当结果与预期相差甚远时，必然会打击你继续坚持下去的信心，害怕一而再、再而三地失败。

事实证明，如果过分看重结果，很多事情都很难顺利完成。相反，放手去做，就可以减轻负担，消除紧张，通常获得出人意料的结果。

任何事情都不可能一蹴而就，克服拖延也不例外，总要经历漫长而煎熬的过程。因此，要适当降低心理预期，给自己一些试错的机会，在不断发现与改正错误中获得成长。

　　文杰在学校是个多才多艺的小能手，乐器、绘画、踢球样样精通，学习成绩优异，经常受到老师表扬，最近又在一次演讲比赛上大放异彩。

　　要知道，刚接到这个任务时，文杰一直都忐忑不安，因为这是他第一次在这么多人面前演讲。离演讲还有两三个月，他就非常焦虑，总是想着万一搞砸了怎么办。

　　这也阻碍了文杰安心准备的脚步，准备一会儿就想到自己可能做不好，就没有了练下去的动力，以至于比赛前一个月连稿子都没有写好。

　　指导老师看到文杰这种情况，首先是表示理解，然后安慰他说不用这么紧张，可以当作台下没有人，或者是在班里对着同学讲，最关键的是尽快写完演讲稿，然后留出足够的时间练习。

　　老师进一步开导文杰，说哪怕结果不好也没有关系，至少自己尽力了。胜败乃兵家常事，每个人的一生都会经历无数次比赛，不用太注重结果。如果太在意结果，因紧张和担心而失败，就真的得不偿失了。

　　文杰听取指导老师的建议，极力控制自己的情绪，不去想其他，把心思放在怎样写好演讲稿上。每天做完作业后，他都把自己关在房间里，一周后，终于打磨出一篇高质量的演讲稿。

演讲稿完成后，文杰特意与指导老师讨论一番，如怎么修改稿子，如何做到演讲时声情并茂。老师看到他自信的神情，心里不禁感叹：这事算是成功了一半。

然后，文杰开始夜以继日地练习。此时，他的内心是平静的，他唯一想到的就是把这场演讲完美地呈现在观众眼前，结果如何，他已经不在乎了。

比赛那天，文杰迈着自信的步伐走上讲台。他对着台下所有的师生报以诚挚的微笑，然后开始演讲。霎时间，他发现台下的观众都消失了，呈现在眼前的是他准备讲稿时的一幅幅画面。他完全沉浸在自己的世界中，并完美呈现了这次演讲。

演讲结束后，观众席爆发出雷鸣般的掌声，文杰也顺利获得冠军，远远超出他的预期。

我们不能因为太在乎结果而犹豫不决，更不能因为没有达成某个目标而否定自己的努力。虽然现在社会崇尚结果导向，但是过程同样重要。所谓量变到质变，只有量的积累，才会有质的飞跃。

不要太在意结果，不是因为结果不重要，而是即使内心在意了，行动上不抓紧也没用。而且，太过在意结果容易造成一定的焦虑，影响你的发挥。

很多人说，有一点焦虑感才会让人加快行动的步伐。其实不是，焦虑只会让你束手束脚、毫无头绪，效率降低。

有一点危机意识是好的，担心结果也没错，本意是让自己更快、更有效率地做事。但这些不要过头，不要因为过分担心结果而影响行动的步伐，更不要为拖延找借口。

紧张和担心都是莫须有的，但拖延是实实在在的。所以，消除紧张，不要过分在意结果，也是一个非常有效的改变拖延的方法。

担心都是多余的，不如把心思放在如何把事情做好上，注重做的过程，这样结果通常不会太差。即使跟自己的预想有些许差距，但也能获得更多的成长。

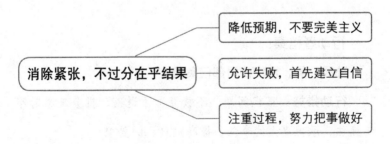

✔ **克服拖延小贴士：**

1.降低预期，不要让伪完美主义成为阻碍你行动的绊脚石。

2.允许失败，现在只是暂时没有成功，下次再来。

3.注重过程，时刻想着如何把事做好，不仅要想干事，而且要干成事。

➤ 内心强大，谁都伤害不了你

行动者档案：

孙辰，男，地产公司部门负责人。

行动措施： 正视问题，不放弃，不退缩，机会来临时牢牢抓住，承担更大的责任，提高对自己的要求。

行动成果： 顺利竞聘成为新的部门负责人，组建团队并进行培训，让项目落地，在公司站稳脚跟，朝着更好的方向发展。

很多人面对形形色色的拖延时，经常感到焦躁不安，明明有一堆事情要去做，却提不起半点儿精神；明明已经迫在眉睫，却还是选择以后再说。

他们往往会在拖延以后才意识到是自己的消极心理在作祟，却没有勇气去面对，似乎觉得一味地逃避下去就会相安无事。

逃避确实可以让人获得暂时的安稳，不用面对现实中的失败，继续在美好的幻想中做着春秋大梦。

然而，梦总有醒来的一天，梦醒了，一切就如同镜花水月一样破碎。逃避只会让人穷途末路、山穷水尽，到时面临的不是柳暗花明的高效，而是病入膏肓、难以根治的拖延。

缺乏勇于面对和改变的决心、敢于承担的魄力，你永远只能蜷缩在后面，用消极来处理事情，把自己困在怪圈里一拖再拖，过着得过且过的人生。

还有一些人，他们就像猛士敢于面对困难，带着强烈的责任意识和使命感，始终保持积极、乐观的态度勇往直前，想方设法在规定的时间内完成任务。

一旦他们有了这样的意识，就会直面问题，主动思考并解决，更加有底气地处理问题，效率自然会高很多。

当然，这种敢于担当来自内心强大的心理暗示，相信自己一定可以做到，然后以勤奋努力为依托，深入思考，伴随高效的执行勇往直前，坚持到底。

孙辰最近应聘到一家房地产公司，他想利用自己手头的资源拓展一些业务。这对他来说是个挑战，因为他之前是做财务工作的，手上有资源，却不知道怎么转化成效益。

刚加入公司时，孙辰觉得自己进入了更大的平台，一定会有更好的发展空间，于是全身心投入工作，电话从早打到晚，也经常出差，几乎每次跟老板汇报都说："我有一个新项目。"

但是，每个项目都进展得不太顺利，不是没有过预审会，就是过了预审会也没有投放。前后联系了不下10个项目都无疾而终，这让孙辰大受打击，有段时间意志比较消沉。好在项目虽然没成，他介绍老板认识了另一个集团的大佬，老板很是满意，不然他都以为自己干不下去了。

就在孙辰迷茫时，公司宣布要组建新的业务部门，从内部竞聘业务负责人。这时他犹豫了，自己连单个项目都做不好，怎么能带团队呢？但这个职位是他梦寐以求的。当然，成为部门负责人，就意味着承担更大的压力，做出更多的业绩。

孙辰冷静想了想，机会来了，怎能不抓住呢？这可是自己的梦想。

之前项目没过预审会，可能是没有摸透公司经营模式。经过几次预审会后，会上提到的问题，他大概也都了解了。然后，他把之前的项目梳理了一遍，发现确实是自己还欠考虑，只看到机会却没有看见风险。

这给了孙辰一些自信，他觉得是时候好好面对选择了，无论如何都要拼一把。于是，他认真做了竞聘准备，列出老板可能问的所有问题，甚至列出选谁作为新部门成员的原因。

不出意料，孙辰顺利当选为新的部门负责人，也向老板要来了团队成员。角色的转变，让他感觉重任在肩，任何时候都不能放松对自己的要求。

孙辰和部门成员一起努力筛选项目，虽然项目还是被驳回，他却一点儿不为其苦恼，只是细心分析市场因素再去拓展新项目，每次都离成功更近一点。

孙辰浑身充满力量，每个项目都尽量考虑到每一种可能性。半年后，一个大项目终于如愿落地，他也算在公司站稳了脚跟，朝着更好的方向发展。

通常来说，解决问题的第一步就是面对问题。当我们有勇气选择面对时，事实上已经成功了一半。

处理问题的时候，千万别害怕承担责任，要有自信：我一定可以出色地完成任务。需要承担责任时勇敢面对，不要因为没有准备好而退缩。

有时候，你想着等准备好、条件成熟了再去承担，相信我，即使条件成熟，你也不可能承担得起责任，甚至做不好任何事情。可以说，永远等不到那个时候，等来的只会是越来越严重的拖延。

为什么说在克服拖延的过程中，勇于面对和敢于承担很重要，是因为这虽然会经历困难的过程、痛苦的感受、烦躁的情绪，但是至少已经开始进行——开始极其重要。

就像火车，让它动起来需要大量的能量，一旦它动起来了，充满来自内部的力量和外部的惯性，必将越走越快。

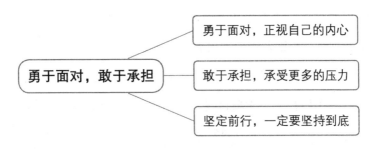

勇于面对，敢于承担

- 勇于面对，正视自己的内心
- 敢于承担，承受更多的压力
- 坚定前行，一定要坚持到底

✔ **克服拖延小贴士：**

1.勇于面对。了解当下的状态，正视内心，认清目的，主动面对胜于被迫面对。

2.敢于承担。承担更多的责任，给自己更多的自信，在完成任务的过程中不断提升工作效率和能力。

3.坚定前进。在克服拖延的道路上，最重要的是坚持。敢于承担给了我们坚持下去的理由，重任在肩必须执行到底。

▶ 多思考，而不是只思考

行动者档案：

梅鹏，男，行政部门负责人。

行动措施： 做事之前认真思考，做事之时高效专注。无论上司安排什么任务，都马上着手去做，遇到问题及时反馈，不折不扣地完成。

行动成果： 从行政专员做起，用三年就做到了部门经理。

我们处理一件比较复杂的工作时，通常不是直接开始做，而是思考需要哪些步骤、怎么做才能更高效，做一些规划后再行动，这样会比盲目开始效率高得多。

盲目开始虽然看上去进度快，却没有规划、毫无章法，出错的可能性高，最后可能会花大量时间调整，得不偿失。所谓"工欲善其事，必先利其器"，高效的方法就是利器。

思考是必不可少的过程，但尽快行动也是必要的。一旦确定好方法，就要尽快执行，如果一直处于思考阶段迟迟没有行动，就是典型的拖延症状。

任何好的想法，只要没有付诸实践都是空中楼阁，不一定经得起实践的检验，再完美的构想应用到实际情况时肯定会有所变化。所以，思考太多必定阻碍行动，其必要性就值得考量。

能平衡两者的方法一般是边想边做，起步时多思考，但要给自己一个期限。期限到了，不管有没有想好都要开始行动，一边做一边修正问题，就会好很多。

很多高效行动者恰恰是很好的思考者。他们善于思考，更善于把好的想法付诸实践，成为思想的智者，更成为行动的大师，不断在实践中迭代自己的想法，绝不停下自己的脚步。

梅鹏从老板办公室出来时，嘴角带着一丝微笑。这天对他来说是历史性的转变——没学历、没背景，他仅用三年时间就从小专员做到了部门经理。

梅鹏刚进公司时，恰逢公司把运营部搬到上海，一共带来五六个人的团队。他跟着运营总监从行政到运营什么都干，每天工作十几个小时，累得回到家里就躺下，却依然乐此不疲。

后来，总监升职了，空降过来一个总监。新总监主要管人事招聘，几乎把行政的事情全部丢给梅鹏。他一开始也发慌，由于没有经验，做很多事情都要摸着石头过河，当然也没少挨批评。

梅鹏尝试站在更高的角度，如部门负责人、老板的角度看问题，处理很多问题的方式和结果就会不一样。这段时间给他带来的最大感受就是一定要多考虑，尽量细化，把老板没想到的都想到，这样才能在工作中占据主动。

正因梅鹏注重思考，有时老板一个眼神，他就知道该去做什么，也知道怎样可以更高效地开展工作。慢慢地，老板会把更重要的事情都交给他。

当然，梅鹏本就是一个执行力非常强的人，他虽然注重思考，但不会一直停留在思考阶段，他会用最短时间整理出大致框架就开始行动。领导交办的任务，他总是第一时间完成，有问题尽量高效解决，不能解决时及时反馈。

梅鹏日复一日地严格要求自己，工作起来越来越得心应手。年底，撰写公司的总结报告是重头戏，非常考验人的工作和写作能力，他真正大展身手的时候到了。

准备报告时，梅鹏苦思冥想，几乎把他能想到的方面全都想到了，然后全力开动起来，熬了几个晚上写完稿子后又反复打磨几遍，修改到几乎找不出漏洞。

筹备总结会议时，梅鹏从做方案开始就在不断思考，每个环节都仔细把关，调动每一个细胞去行动，最终呈现出一场完美的总结会议，给领导留下深刻的印象。

由于表现出色，上一任总监走后，梅鹏顺利成为部门负责人，也成为老板身边的红人，工作能力越来越强，发展越来越好。

思考和行为是相辅相成的，而不是互相牵制。思考是为了更充分、更全面、更高效地开展行动；行动则能够发现更多问题，唤起更多思考，产生更深入的认知。

所以，我们要多思考，而且是深入思考。思考一定要伴随行动，在完成任务的维度上，失去行动的支持，再多的思考也没有意义。因此，我们要成为思想的巨人，也要成为高效的执行者和果断的行动者。

总不能因为没想好就一直不开始行动吧？仅思考而无行动，最后思考就会变成无端的顾虑，让我们产生惰性，从而一再拖延。

莎士比亚说："重重的顾虑使我们全变成了懦夫，决心的赤热的光彩，被审慎的思维盖上了一层灰色。伟大的事业在这种考虑下，也会逆流而退，失去行动的意义。"

当我们因思考变得犹豫不决甚至沉浸其中无法自拔时，就要想想莎士比亚的这句话，并以此为诫，立刻行动起来，与拖延说再见。

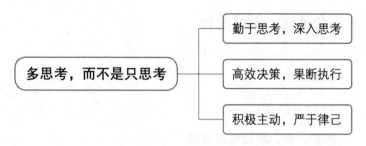

✔ **克服拖延小贴士：**

1. 勤于思考，深入思考。任何工作都要注重细节，站在不同的角度去思考，多想几个为什么。

2. 高效决策，果断执行。面临选择时，不要沉浸在思考中犹豫不决；一旦拿定主意就要果断执行，运用合适的方法将高效发挥到极致。

3. 积极主动，严于律己。时刻以积极、主动的心态面对工作，对自己保持高标准、严要求；不仅满足于手头的工作，更要站得高、看得远，对标职业规划。

▶ 不念过往，不惧前行

行动者档案：

亦梦，女，项目经理助理。

行动措施： 从失败中走出来，按照自己的梦想规划好未来的每一步，开始高效执行。

行动成果： 找到一份不错的工作，结识了志同道合的男朋友并结婚，顺利拿到奖学金和offer，完成再次出国的梦想。

很多人对因拖延造成的损失都后悔不已，认为自己当时的付出毫无意义，甚至用过去的错误惩罚现在的自己。其实，这是对过去的否定、对当下的抗拒。

比如，高考前多复习，就可以考上好一点儿的学校；大学里多学习、多实习，找工作的选择就更多；早点完成工作，双休日就可以不用加班；考职业证书的时候提前复习，就不至于临考时手忙脚乱……

过去的已经过去，现在再后悔也无法改变。投入的时间、精力、金钱都已经"沉没"，变成"沉没成本"，没有办法收回，就不应该成为当下决策的依据。

如果过于看重过去，很可能忽略当下，让损失更加严重。如果总是纠结于过去，自然会影响现在的行为，进而产生连锁反应。

很多人似乎习惯于沉浸在过去的拖延带给自己的影响中，忘了当下应有的判断，以可惜、浪费等为借口选择继续追加投入，付出更多的代价，结果一拖再拖、一错再错。

不可否认，我们的情绪会受过去影响而处于不稳定的状态，产生烦躁、后悔、焦虑等负面情绪，这也是造成拖延的一大原因。

这时候，如果我们能将心态放平，坦然接受曾经的付出，将重心和注意力放到当下，注重目前所拥有的一切，立足于现在做决策——对未来进行规划，不让过去干扰到现在和未来的生活。

过去因拖延而变化，我们总要改变自己，尽量不要让不能改变的事情再次发生。活在当下，这是任何不想停留在与过去拖延相关的人应有的心智力量，也是克服拖延的有效方法。

亦梦坐在回国的飞机上，心中满是懊悔、沮丧，眼泪止不住地流。她明明有大把的时间，完全可以找到工作留下来，却因为一再拖延错过时机。

时间倒退到亦梦在美国某大学刚毕业时，她申请到一年时间用于找工作。不过，她先是花了两个月旅游，算是给自己留下一个毕业纪念；回来后找工作也不慌不忙，经常被其他事情耽搁就是一星期，偶有面试，也因没有好好准备而被虐得体无完肤。

　　时间虽然过去了大半，只要用心还是有希望的，但这时亦梦已经失去信心，沉溺于失败中走不出来，做什么都找不到状态。最后，她整日把自己关在房间里，差点儿得了抑郁症，那段时间瘦了整整 20 斤。

　　回国时快过年了，亦梦觉得正好利用这段时间尽情放空自己，于是每天睡到日上三竿，起来后看剧、刷抖音，到了晚上就望着漆黑的夜静静凝望。再加上父母照顾得好，她的身体渐渐恢复，心里也少了诸多抱怨和失望。

　　新年的钟声终于敲响，看着天空璀璨的烟花，亦梦在心中默默许愿，如果有机会再来一次，她一定不会这么轻易放弃，拼尽全力也要战斗到最后一刻。以前怎么样都不重要，反正都过去了，关键是以后如何发展，反推到现在要怎么做。

　　在假期的末尾，亦梦好好规划了一下未来一两年要做的事情。她先要找一份工作养活自己，然后着手准备再次出国的事情，如选学校、选专业、参加语言考试、申请奖学金。她发现要做的事情原来还有很多，几乎没有时间可以浪费。

　　亦梦行动起来，找工作时不再像以前那样三天打鱼两天晒网，有时候虽然还是被虐得体无完肤，但她毫不在意，继续坚持，终于在两个星期后找到一份还不错的工作。

　　亦梦迅速进入工作状态，她感觉自己完全不一样了，做什么都充满力量，效率大大提高。在这个过程中，因为自信、上进，她结识了志同道合的男朋友。

两个人上班时各自拼搏，下班后一起用功，慢慢敲定学校、专业，也通过了语言考试，一步步都走得很扎实。他俩也在为了共同目标的互相激励中修成正果，顺利领取结婚证，拿了奖学金和 offer，双双踏上再次出国的道路。

拖延让我们痛苦，是因为我们对当下采取抗拒的态度；无法克服拖延让我们更加痛苦，是因为我们无法走出过去，叠加了对过去的抗拒。

克服拖延，从忘掉或者忽略过去开始，时刻提醒自己走出或者摆脱过去的影响。都说遗忘是对逝者最好的祭奠，对于逝去的时间和机会，忘了它吧，沉浸其中只会徒增伤感，要相信未来会更好。

从现在开始，你要做好万全准备，时刻等待未来的到来。这样就要求你好好把握当下，提高做事效率，才能在机会来临时牢牢抓住，实现人生的飞跃。

现在是过去的未来，也是未来的过去。现在的你是什么样子，是过去造成的，过去的拖延让你不喜欢现在的自己，现在的拖延一定会让未来的你尝尽苦头。未来，你想成为什么样的人，取决于此刻做出什么决定。

　　如果一直沉溺于过去，拖延只会越来越严重，未来也会和过去一样，甚至比过去更糟，让你更加无法原谅自己。只有活在当下，从现在开始改变，收拾行装再出发，未来才会更加美好。

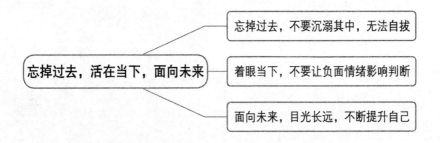

　　✔ **克服拖延小贴士：**

　　1. 忘掉过去。摆脱过去的阴影，无论付出的是时间、精力、金钱，还是负面情绪，让它们随着时间的流逝统统清零。

　　2. 着眼当下。聚集眼前的事，加强对负面情绪的管理，不要让它影响了自己的判断。

　　3. 面向未来。将眼光放长远，让现在做的每件事都是为心中的目标服务，一步一步成为更优秀的自己。

第六章

成功：战胜拖延，
与另一个自己和解

➤ 不做职场中迷途的候鸟

行动者档案：

楠静，女，职场优秀员工。

行动措施：从入职开始就明确规划、积极主动，做事专注认真，掌握了一些高效的方法，不放过任何机会。

行动成果：总是按时、高质量地完成任务，成长迅速，被领导委以重任，顺利签约大客户，在职场中如鱼得水。

现在流行一个词，叫高效能职场人士。所谓高效能，是指在办事过程中产出与产能的最大化平衡。只有办事方式能够实现这种最大化平衡，获得更多的收益，这些方式才是高效能的，能成功运用这些方法的才是高效能人士。

在职场打拼，我们都知道大多数公司非常注重效率，正所谓"打造高效团队"。谁的效率更高，谁能在更短的时间内创造更多的价值，谁就能以更快的速度升职加薪。

当一个人能够高效工作，给公司带来最大收益时，他在职场中肯定如鱼得水，职位也如同坐火箭般噌噌上涨。提高工作效率，可以节省出很多时间用来看书、学习，提升自己，再助力职场发展。

提高工作效率的方法有多种，如从事自己喜欢的工作、尝试集中精力、马上行动、做好规划、一次只做好一件事、把工作分清轻重缓急、建立合适的奖惩制度等。

不过，再多提高效率的方法都需要愿意执行的人，关键看你有没有改变的意愿，能否坚持下去。没有最好的方法，只有主观意愿和执行力最强的人。

当人们愿意综合运用这些方法，在实践中不断更新自我认知，在高效执行中坚持下去时，不仅可以有效提升工作效率，还能找到成就感。

然后，由来已久的拖延症会一点一点改变，职场道路越来越宽，自己也变得越来越优秀，变成别人口中的"高效能人士"。

楠静是一位优秀的职场女性，经历堪比畅销书中的职场精英杜拉拉，从平凡的助理岗位一步一步走到公司副总的位置。除了得益于她抓住了难得的机会外，主要在于她平时工作效率高，给公司带来巨大的效益。当然，她能抓住那次机会，也跟她的高效行动力密切相关。

楠静刚进入职场时，就和其他女孩子表现得不太一样——别人都是领导交代什么就做什么，做得也不紧不慢；她总是抓紧思考、分析，第一时间完成领导交办的任务。

一开始，楠静做的都是些事务性工作，但她没有因此懈怠，总是认真、一丝不苟地完成。做事时，虽然没有特别的方法，但她会把所有的精力一股脑投进去，从来不会三心二意，无形中节省了不少时间。

空下来的时间，她也不闲着，经常看一些职场方面的书，也学到了一些实用、有效的方法，帮助她进一步提升工作效率。

比如，她学会了四象限工作法，知道任务有轻重缓急之分，每天都会把要做的任务按照紧急和重要程度分类排序，然后从最重要的事情开始做。

又如，她学会了番茄工作法，一段时间不被打扰，可以集中精力只关注于眼前的事情，一心只做一件事。她也学会了仔细规划重要的任务，细分到每一天，设定小目标后——完成。

楠静在工作中不断实践着这些方法，工作效率得到极大提升，她也有了更多的自信。有些之前不可想象的任务，她也能克服困难，顺利完成。

楠静因为任务完成得出色，被上级调去更有挑战性的部门。她有上进心，学得快，执行到位，不愿放过任何潜在的机会，业务水平精进得很快。

功夫不负有心人，楠静终于碰到一个大客户。由于平时做好了充足的准备，她意识到要立刻行动起来，并且知道哪些事情是要马上做的。

经过精心准备，楠静顺利签约那个大客户，业绩飙升，成为公司的黑马。高效的工作，让她在新的岗位上脱颖而出，得到老板的破格提升，从"小楠"变成"楠总"。

拖延是职场的大忌，轻则让人情绪低落，降低工作效率，影响职业发展；重则让人对自己产生怀疑，对未来失去信心，拖延上瘾，更可能影响身边的人，拖垮团队。

想在竞争激烈的职场中胜出，快速获得核心竞争力，最重要的就是不拖延，做事仔细认真，善于抓住机会。至于方法，可以在实践中不断学习，慢慢摸索。

在职场中克服拖延，就是把握方向，抓住细节，不懈坚持，养成良好的工作习惯，将效率意识、效能观念贯穿于工作始终。

高效工作，可以让你在职场快速站稳脚跟。无论是基础的事务性工作，还是高端的统筹管理性工作，抑或是灵活多变的销售工作，都需要高效工作作为支撑。

职位越高，越需要注重工作效率，优化时间分配，它没有统一的标准，只有适合自己的方法；越是基础的岗位，越需要技能熟练，需要大量、反复地练习。

想在职场有长久的发展，必须从现在起下定决心克服拖延。愿每个人都可以在工作中有效克服拖延，在职场中不断迎接新挑战，走向新高度。

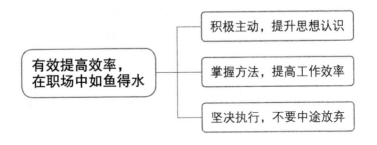

✔ **克服拖延小贴士：**

1.积极主动。首先，要在思想意识上认识到拖延的危害，从小事开始，时刻用效率来衡量自己的行为，以成为高效能人士为目标。

2. 掌握方法。提高工作效率的方法有多种，如四象限工作法、番茄工作法等，平时多注意学习、积累，探索一套适合自己的方法，不断实践。

3. 坚决执行。最重要的是把这套价值体系和方法持续执行下去，不要因困难而中途放弃。

➤ 打造高效能团队的行动习惯

行动者档案：

Lisa，女，职场女强人。

行动措施：用积极主动的态度和高效的实际行为，不断给同事带去正能量和高效的工作方法。

行动成果：身边同事被影响，每个人都变得积极、高效，团队也变得高效能、富有战斗力，得到公司的重视。

大家应该听说过鲇鱼效应，即采取一种手段或措施，刺激一些企业活跃起来，投入市场积极参与竞争，从而激活市场中的同行企业。这种刺激可以发生在整个市场环境中，也可以发生在企业内部。

企业里，很多人像沙丁鱼，生性喜静，追求平稳，面对危机时没有清醒的认识，只是一味地追求安逸的日子。有些人就像鲇鱼，生性好动，在沙丁鱼群中喜欢钻来钻去，让沙丁鱼也游起来。

鲇鱼效应通常用在企业管理中。管理者要实现管理目标，需要引入鲇鱼型人才，以此改变企业一潭死水的状况。

鲇鱼型人才，就是做事雷厉风行、果断高效的人。这些人可以影响身边沙丁鱼般死气沉沉的同事，使整个团队变得高效起来。

高效人士的到来，通常会给同事带来危机感。没有对比就没有伤害，本来大家都敷衍做事，现在有人开始全力在做；本来大家效率都低，现在有人高效率做事。这样，不做事和做得慢的人可能就会被淘汰。

另外，高效人士会用自己的实际行动给那些低效的人一些示范和激励，有时甚至提供一些提高效率的方法，从心理和行为上改变原本拖延的人。

拖延会传染，高效同样会传播。

当大多数人被影响从而提高了效率，剩下那些效率依旧不高的人或者直接被淘汰，或者慢慢地也提高了效率。他们所在团队的效率也将得到提高。

Lisa 是朋友圈中大家熟知的职场女强人，她做事干练，雷厉风行，只要是她工作的地方，必定会掀起一阵高效率工作的旋风。最近，她被总部调到中部地区某事业部后，一改那里的颓废氛围，把该事业部打造成一支激情四射、富有战斗力的团队。

Lisa 被调到该事业部的第一天，就被眼前的景象惊呆了：这里哪是事业部，分明是养老院——放眼望去，有人玩游戏，有人睡觉，有人闲聊，有人看闲书，即使有人在工作也是懒懒散散的。

Lisa 知道这是总部扔给她的烫手山芋，她也不得不面对新的挑战。她紧急召集大家开会，等所有人到齐用了十多分钟，这已经算是大家给她面子了。

Lisa 没有生气，默默地列出最晚到的几个人，开始宣布纪律，然后布置了一堆任务，而且非常紧急，做不完就要扣绩效。整场会议丝毫不拖泥带水，大家都蒙了，本来不听都行的会议，现在不认真参加都不知道任务是什么。

一些人可能觉得这是新官上任三把火，刚来时需要做做样子，可能过几天也就随波逐流了。所以，他们象征性地行动起来。

然而，他们的如意算盘打错了。所有员工每天看见 Lisa 的状态，都是不断与各小组开会制定策略，然后排出满满的行程，经常加班到很晚。最紧密配合她的一些人，也由此忙碌起来。

这样的工作强度慢慢成为常态，多跟 Lisa 打几个照面，自己说话的语速也会加快。公司里出现更多忙碌的身影，步伐也从闲庭信步变成行走如风，就连那些本来没什么事情干的人，都觉得不做些事难以融入工作环境，就主动找事情来做。

Lisa 也不完全是个女魔头。对于工作意愿强的同事，她会毫无保留地传授一些可以切实提高效率的方法，完成阶段性任务；她也会与大家一起庆功，彻底放下工作，好好玩一场。

Lisa 建立了赏罚分明的奖惩制度，大大提高员工的积极性。凡是能做出一些成绩的，他们的收入都在慢慢增加。她不会亏待任何有贡献的员工，也绝不轻易放弃暂时跟不上脚步的员工，只要他们愿意进步，她都会亲自指导。

在这样的氛围下，Lisa 领导的事业部中，每个人都变得积极、高效，团队也变得高效能、富有战斗力，从一个大型养老院变成核心战区，业绩迅速飙升，甚至超过总公司的很多明星事业部。

打造高效团队的高效从何而来呢？首先，每个人都要提升工作效率，再加上默契配合，营造积极的工作氛围，这样整个团队的效率才会体现出来。

个人和环境是相互影响的，或者适应环境，或者改变环境。当环境无法轻易改变时，只有先改变自己。不要总觉得是温水煮青蛙，在这样的环境下克服拖延太难；恰恰相反，只有自己克服了拖延，才可能影响身边的人，进而改变环境。

如果一个人能够有效克服拖延，拥有高效的工作效率，他的状态真的可以通过言语、行为甚至气场影响身边的人，甚至把自身的一些有益经验和教训分享出去，效果会更明显。

再回到鲇鱼效应的问题上，每个人都要学会成为鲇鱼一样的人，钻入习惯安逸的沙丁鱼群，游来游去，给队友带去危机意识，给团队带来新的活力，激发团队效能。

这样做，相信每个人都能在职场中通过努力，打造或者融入一支高效能的团队，发挥重要作用。

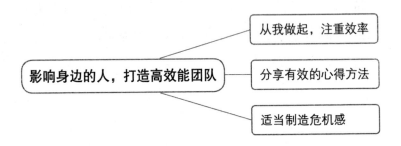

✔ **克服拖延小贴士：**

1. 想要打造高效能团队，首先要克服拖延，从小事做起，然后再影响身边的人，从而营造积极向上、注重效率的工作氛围。

2. 如果有一些克服拖延的有效方法和心得，可以分享给同事，在提升团队整体战斗力的同时更加突出你的地位。

3. 适当制造危机感，让他人觉得如果不行动起来就有可能被淘汰。

➤ 相信自己，不完美也是美

行动者档案：

大鹏，男，职场行动者。

行动措施：无论何时都对自己充满自信，对未来充满信心，竭尽所能克服拖延并坚持下去。

行动成果：做事更加高效，自信心更加强大，对未来有更美好的期盼，生活不断朝着好的方向发展。

你有没有这样的经历？学习和工作越来越高效，一天下来，发现待办事项全部被划掉，成就栏里收获满满，感觉自己过得非常充实。

高效工作能带来领导的赏识、同事的赞许、自我的满足，有时不仅是心理上的，物质奖励也是实实在在的。这时，你的心情肯定很愉悦，自信心顿时爆棚，开始憧憬美好的未来。

高效学习能让你迅速成长的同时助力职场，并与优秀的人结识并深交，一步一步朝着自己想要的生活前进，看着憧憬中的美好未来如期而至。

高效的学习和工作，也会影响到生活的其他方面，带来成就感和满足感。甚至在陷入逆境时，你也不会轻易放弃希望，积极寻求突破，带着坚定的信念走出困境。

是的，克服拖延，结局就是这么美好。至于如何克服拖延，方法有很多，但关键是看你的心态，是不是愿意克服。

很多人一想到克服拖延能带来这么多好处，就激动不已、跃跃欲试，恨不得马上行动，不知不觉间自信满满，敢于想象未来美好的生活。

反过来说，在日渐繁杂的工作和生活中，如果克服拖延不成功，一次失败就足以击垮长期建立的自信，困难被无限放大，导致出现更严重的拖延。然后，每次屡战屡败，屡败屡战，坠入拖延的深渊。

拥有自信，克服拖延的重要性和紧迫性不言而喻。在积极向上的氛围中，敢想敢做，奋勇向前，不就是克服拖延最好的状态吗？

大鹏站在山顶上俯视着这座美丽的城市，感觉后背长出了翅膀，双脚轻轻离地，和真正的大鹏鸟一样在蓝天上展翅翔翔。他仿佛看到这座城市的过去和未来，也看到了自己的过去和未来。

男主人结束一整天的工作，浑身疲惫地回到家里，一进门就软倒在沙发上，以极其舒服的姿势开始玩手机。玩了好一阵才缓过神来，然后以缓慢的动作起身做晚饭，虽是速食方便面，但也花了不少时间。

等他收拾妥当，坐到电脑前打开未做完的工作，就开始抱怨为什么工作这么多，回家后还要加班。他发现若干未完成的工作文件夹上都赫然写着自己的名字，吓了一跳，这是未来的自己吗？怎么可能是这个样子？他匆匆离开，又来到一座办公楼前。

他看见了同样的面孔，但是行事风格完全不一样，脸上洋溢着胜利者的微笑，眼神坚定，行事高效，即使工作排满也能井井有条地完成，从来不叫苦喊累。

他顿时明白了，这是两个不同的未来，以后会发展成什么样子完全取决于现在的选择。他回到一模一样的办公室，看着一大堆没有完成的工作，却发现下班时间已经到了，不得不把工作带回家。

他回到一模一样的家，习惯性地软倒在沙发上开始玩手机。这个场景特别熟悉，他想了想，赶紧站起来把手机放在一边去做饭。吃完饭，用最快的速度坐到电脑前开始加班，这比预想中快了两个小时。

那天，他心无旁骛，效率高得出奇。紧接着，他开始规划第二天的工作。他知道自己一定要变成前面看到的样子，那才是他想要的生活，于是开始克服拖延。

那天以后，大鹏开始变得自信，对未来也充满信心。他开始严格要求自己，有毅力、下决心、不抱怨，一点一点改变，养成良好的工作习惯，脸上始终洋溢着胜利者的微笑。

大鹏终于变成自己想要的样子了。当他再次站上山顶，发自内心的自信和对于未来的美好期盼，让他看到了更加壮美的景色。

对自己充满信心，对未来充满信心，这是你为了克服拖延应该做到的，也是克服拖延后能得到的，要坚定地相信、痴痴地守望。

确切地说，这是一种正向的循环激励，越自信越不拖延，越能有效克服拖延，对未来更加充满信心。

有信心就有了力量，有了盼望，有了坚持下去的动力。很多事情不是看到希望才坚持，而是坚持下去才能看到希望。如果连你自己都不相信，又怎能有力量支撑你坚持下去？

同样，只有坚持下去，真正做到克服拖延，想象中的美好才会如期而至。这对你来说是个巨大的成就，自然会让自己充满信心，对未来充满期待，因为你知道自己能做到。

既然你用极强的意志力克服了拖延，其他的挑战自然难不倒你，你可以更加从容面对。

怀揣信心和对未来的希望去克服拖延吧，尽力去做，坚持到底。

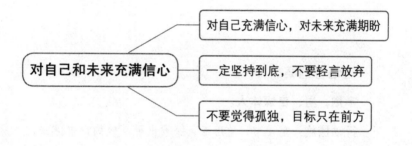

✔ **克服拖延小贴士：**

1.在克服拖延的过程中始终充满自信，对未来充满期盼，以高涨的热情迎接不同的挑战。

2.自己选的路，跪着也要走完，再艰难也要咬紧牙关坚持下去。改变的过程是痛苦的，但蜕变以后的脱胎换骨会让你觉得一切都值得。

3.克服拖延的道路也许是孤独的，但不要觉得寂寞，因为迎着光芒根本看不到别人，只能看见身后的黑影，那是你改变的痕迹。

▶ 打破思维的墙，迎接新挑战

行动者档案：

宇翔，男，自媒体人。

行动措施： 爱读书、爱思考，探索出更高效的读书方法，找到了适合自己的副业，辞职成为自媒体人。

行动成果： 思维能力和认知水平不断提高，做的知识付费产品越来越成熟，得到观众的肯定，生活质量自然得到提升。

设想一下，当一件事情没有办法推进下去，冥思苦想后依然一无所获，我们下意识里会干什么？

或许会东张西望，或翻翻手机，甚至站起来走一圈、喝杯咖啡，适当放松一下，然后回头再来处理。

事实上，大多数人只会一头扎进死胡同，想来想去也没有找到好方法。即使有，也因存在一定风险而不敢轻易运用，最后只好放弃思考，开始做其他的事分散注意力，不断逃避，拖慢整体进程。

如果我们的知识储备充足，经验足够丰富，视野足够开阔，思维足够灵活，就能在短时间内想到一些不寻常的方法，然后尽力尝试，不会卡在一处坐以待毙。

当人的思维能力显著提升，对事情的认知达到更深的层次，就能调动自己的主观能动性，自然而然就能克服拖延。

反过来，能够克服拖延的人，会不断提高认知，升级思维能力，勇于尝试，不断攀登新的高峰。

那些毫不拖延的人，就是敢想、敢做。他们的想法从哪里来？要靠平时多积累；他们的勇气从哪里来？源自充实而强大的内心。

如果你平时有时间只会睡觉、看剧、玩手机，不抓紧有限的时间多看书、多学习，认知就达不到一定的高度，遇到事情只会用单一的视角看问题，以至于无法走出困境。

这就是为什么越是拖延的人，越没有有用的想法。其实，不是没有想法，而是想法华而不实，无法落到实处。因为思维能力不够，不敢轻易尝试，只能用拖延来逃避。

　　深夜，宇翔结束了节目录制，又开始准备下期的内容，完全没有休息的意思。毕竟，现在没人给自己发工资了，如果不拼搏就容易落伍与挨饿。只是，现在的他也没有想到，自己会在自媒体这条路上走得这么远。

　　以前，宇翔在电视台做后台编辑，日子虽然忙碌，倒也安稳，只是他总觉得这样的生活缺点什么。正在这时，社会上掀起一股知识付费的浪潮。他有点儿心动，却因有所顾忌没有行动。

　　几个月后，一档节目爆红，主播正是他曾经的同事。宇翔后悔不已，这不正是他想要的改变吗？为什么没有早点行动起来？无非多花一些时间准备，但做的是自己喜欢和擅长的事情。

　　其实，宇翔犹豫也不是没有原因，知识付费领域太大，他完全不知道做什么比较适合。他平时爱看一些书，涉猎范围很广，这成为他谈资的来源。此时，他突然来了灵感，完全可以从书入手。

　　于是，宇翔开始有选择性地看书，把内容拆解开来加入自己的理解，就是很好的内容。为了更有效率地读书，他还总结了一套高效读书的方法，并将其分享给网友。

宇翔不断读书，加以吸收理解，并做成文化产品，呈现在网友眼前。随着他读的书越来越多，读书效率越来越高，他对知识的理解也越来越深入。网友越来越爱看，慢慢地，他积累了一批粉丝。

宇翔有了副业，下班后再也不会像以前一样回到家里懒懒地什么都不做，而是充分利用这几个小时。以前，他几个星期都读不完一本书，现在一两天就能读完；由于他不断练习写稿，文笔也变得越来越好。

终于，宇翔的副业开始有了收入，从几元到十几元，再到几十元、一百元，最后甚至赶上了他的工资。为了能更好地打磨产品，他鼓起勇气走出至关重要的一步——辞去工作，成为真正的自媒体人。

宇翔比以前更忙了，这不仅是一份工作，更是他的事业。要说心中没有忐忑是不可能的，但他觉得自己做的事情很有意义、有前途。目前，他只想抓紧时间提升自己，尽一切努力把眼前的事情做好。

思维能力和认知水平是人的综合实力的重要部分，在职场发展和日常生活中都是非常重要的。

强大的思维能力，可以让你无论遇到任何事情都能快速做出反应，想到切实有效的解决办法。高层次的认知水平，可以让你在战略上看得更远，在战术上灵活多变，充分调动人的主观能动性，不会因为犹豫而手足无措。

人的认知水平，还在于对时间的掌控，知道处理事情该用什么样的顺序，知道自己在特定的时间该做些什么，不会因为安排不合理而无端浪费时间，也不会因为不愿正视时间流逝而陷入自怨自艾的恶性循环。

如何在日常生活中克服拖延，快速提高思维能力和认知水平，是值得我们思考的问题。无论是看书学习理论，还是具体操作，都值得我们花时间去做，而且要不断更新迭代，才能跟上时代发展的步伐。

别再浪费时间了，提高思维能力，提升认知水平，我们要做的还有很多。

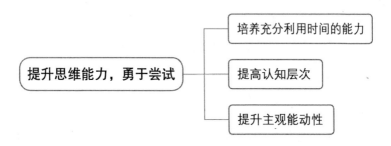

✔ **克服拖延小贴士：**

1. 平时不要将时间浪费在没有意义的事情上，多读书、多学习、多实践，注重培养自己充分利用时间的能力。

2. 努力提升思维能力，提高认知层次。遇到事情尽量从不同的角度思考问题，不要钻牛角尖。

3. 提升主观能动性，勇于尝试。不要被固有观念禁锢思维，积极主动地尝试一些方法，在不断地解决问题中积累经验。

➤ 自律起来，人生终将美好

行动者档案：
塔雅，女，运动达人。

行动措施： 从减肥、学习等各方面让自己变得更优秀，在执行中养成高度自律和珍惜时间的习惯。

行动成果：虽然失去了爱情，却换来更优秀的自己，走到哪里都熠熠生辉，成为众人瞩目的对象。

在你的印象里，高度自律的人是什么样子呢？他们一般做事效率高，很少拖延，总会把有限的时间安排得井井有条，每天都活得很精彩。

就像小说里描述的一样："他们的每一天都像是精心调配好的营养剂，每一种营养成分都按照严格精确的配比，他们的身体因此保持着最好的状态。璀璨夺目的生命，永远在熠熠生辉。"

拖延是人类的惰性本能，克服拖延是自律的一种形式。一个高度自律的人，遇到问题从不会一味找借口、逃避、退缩，只会积极面对，思考并寻找方法。

一个能克服拖延的人，必然也是珍惜时间的人。因为拖延本就是在空耗时间、浪费生命，克服拖延的重要一步就是培养时间观念，不放过任何机会。

在克服拖延的过程中，每一次和懒惰本性对抗的艰难决定，都会使你离自律更进一步；做事效率每快一步，对时间的感知就会增强，更为敏感地觉察时间的流逝，变得更加珍惜时间。

同样，如果一个人能做到高度自律、珍惜时间，他必能战胜拖延。可以说，自律和拖延是人的两个方面，多一点儿自律，就少一点儿拖延。

为什么养成自律的习惯、珍惜时间如此重要呢？因为时间是自己的，人生也是自己的。时间如此有限，如果不能改变拖延行为、有效利用时间，人生将会黯然失色。

世界上的成功人士大多是极其自律的。所以，自律起来，告别拖延，人生终将更加美好。

在健身房里，塔雅在跑步机上挥汗如雨。这时，从外面进来几个阳光男生，他们的目光一下子就被她的身材所吸引，纷纷小声惊叹。

塔雅没有太在意，报以微笑后又继续跑。她大汗淋漓地从跑步机上下来，洗个澡收拾一下，在镜子前看了看，发现这段时间以来自己的健身效果确实显著。

塔雅暗自窃喜，原来自己也可以这么有魅力、吸引人。

一年前，塔雅还是个身材微胖、喜欢宅在家里看剧、特别容易害羞的女孩。这一切的改变，源于公司全体员工年终会议——人群之中，她多看了他一眼，缘分从此开启。

那时，塔雅在人群中如此不起眼，可是偏偏男神就对她一见钟情。

他俩在一起引来周围人的羡慕嫉妒恨，很多人开始指指点点，说她配不上男神。虽然男神很暖心地安慰她，让她不要多想，可她还是决定好好改变一下，让自己配得上男神。

可是改变哪有这么容易？碳酸饮料、膨化食品、油炸食品、甜品，每一样对塔雅都有着致命诱惑，让她戒掉简直能要了她的命，更不要说常年不运动让她稍微跑两步就气喘吁吁了。

可是，爱情的力量就是如此伟大，塔雅愣是强迫自己完全不碰高热量食品，转向清淡的沙拉。每天晚上，当她饿得肚子咕咕叫、头晕眼花的时候，看一眼男神的照片，就有了继续坚持下去的动力。

在运动上更是如此。塔雅以前从来不运动，现在，她从慢走到快走再到跑步，从 1 千米到 3 千米，再到 5 千米，每天逼着自己进步一点点。实在坚持不下去的时候，她看看前方，仿佛男神在向她招手，于是又充满力量，迈开早已酸胀的腿继续奔跑。

从开始决定锻炼起，塔雅就在自律的道路上越走越远。周末，以前她总要睡到日上三竿，现在早早地起床，跳操后吃一顿丰盛的早餐，看一会儿书，然后梳妆打扮准备和她的男神约会。

原来的塔雅懒散惯了，不爱学习，不爱运动。现在，她越来越懂得充分利用时间，恨不得每分钟都用来提高，让自己配得上男神。慢慢地，她终于瘦了下来，露出小蛮腰，气质也越来越好。

然而，这一切的改变没有让男神更加爱她，反而因为一次误会慢慢远离了她，最终分道扬镳。

一下子没有了努力的方向，塔雅却发现自律早已成为自己的习惯，成为生命的一部分，没有人爱，可以先爱自己。她的各方面越来越优秀，再也不是那个普通的邻家女孩了。

如果你还羡慕那些身材好、外语好、工作好的人，请让自己朝着他们的方向行动起来，至少有一个好的开始，然后在这个过程中一点点养成自律的好习惯。

如果你羡慕对方有强健的体魄，就不要再躺在家里看剧、吃垃圾食品，开始锻炼起来；如果你羡慕对方有高薪的工作，就不要在家里无所事事，而是利用工作之余充电，有朝一日，你也可以像别人一样获得好职位、高薪水。

当你为了节食而半夜饿得肚子咕咕叫，当你锻炼而腹肌被撕裂得酸痛无比，当你学习而学不进去的眩晕感涌上心头

时，想想心里的那些目标，是否还羡慕？是否内心依旧充满
渴望？

如果这时候放弃，之前的努力就白费了，于是，无论多
累、多困，你都要马上打起精神继续坚持。一次、两次，日
积月累，自然而然就变成了更加自律、珍惜时间的人。

行动起来并坚持下去，总有一天，你也可以变成优秀而
自律的人。

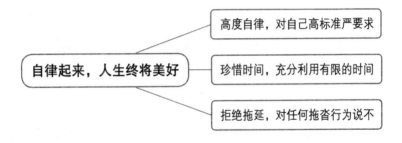

✔ 克服拖延小贴士：

1.高度自律。为了让自己变得更好，始终如一严格要求
自己。不给自己的松懈找任何借口，做到有没有人督促也能
高效地执行自己制订的计划。

2.珍惜时间。提高做事效率，把时间用在有意义的事情
上，珍惜每一分、每一秒。

3. 对任何拖沓行为说"不"。平时多留意哪些地方会不知不觉地浪费时间，在以后的行为中要尽量规避。

➤ 完成比完美更靠谱

行动者档案：

晓东，男，建筑设计师。

行动措施： 总是任劳任怨、一丝不苟地完成工作，注重细节，认真对待每一个作品，平时注重充实自己，不断追求卓越。

行动成果： 完成公司大项目的设计并一举成名，从普通设计人员成长为知名设计师，实现年轻时的梦想。

心理学家奥里森·马登说过："如果我们分析一下那些卓越人物的人格品质，就会看到他们都有一个共同特点：开始做事前，总是充分相信自己的能力，排除一切艰难险阻，直到胜利！"

充满自信，积极行动，是追求卓越的人最基础的要求和最基本的体现。一个做事拖拉懈怠、习惯消极逃避、没有行动意识和效率意识的人，无论如何也不能称为卓越的人。

追求卓越的人会进一步意识到，拖延是个人幸福生活的顽疾，会阻碍自己成功的脚步。一个人的成败，跟永不放弃的信心与超强的行动力息息相关。

对职场人来说，卓越只有一条路：快速产生成果。唯有如此，才能在工作中真正展现才华。快速不是让我们不注重质量，而是在保证质量的前提下，快速行动，保质保量完成任务，才更有可能在激烈的竞争中脱颖而出。

对于生活中的我们来说，追求卓越是要用心把每件小事做好，不懒散、不懈怠、不浪费时间，不断提升综合能力——丰富知识储备，增长经验阅历，强健体格体魄，增强心理素质，让自己成为真正优秀的人。

在不断追求卓越的过程中，我们在不知不觉中改变了长久以来养成的做事拖沓、懒散懈怠、习惯逃避的坏习惯，坚定信念，不断坚持，在克服拖延的道路上步步前行。

当我们完全改变拖延，彻底成为高效、执行力强的人时，就离优秀和卓越不远了。在平凡中成就着不平凡，这一切都相辅相成、相互促进。

晓东休息时，喜欢站在办公室的窗边望着这座美丽的城市，看着自己的一件件作品，心生感慨，这一切也是这座城市给他的馈赠。

晓东来这座城市打拼已经 20 多年，在这家公司从一个寂寂无名的设计人员成长为公司负责人之一。当初两三个人的小公司变成现在 100 多人的知名设计公司，其间他付出多少心血，只有自己知道。

晓东刚到这座城市的时候，人生地不熟，只好住在不足 10 平方米的小房子里。虽然他怀揣国外知名大学的文凭，找工作也是处处碰壁。接连受挫时，他不敢跟父母透露，只能一个人躲在被子里偷偷哭。

终于找到这家小公司的一份工作，晓东兴奋不已，无论是跑腿打杂，还是最基础的画图工作，他都一丝不苟地完成。有时一连几个月他都在画同一模块，即使非常枯燥乏味，他也毫无怨言。

晓东一直在找机会证明自己的能力，直到公司接了个大工程，两个老板亲自上阵都忙不过来。于是，他自告奋勇参与这项设计任务。

那段时间，晓东展现出惊人的才能，也倾注了他的全部心血。他不知熬了多少个日夜，醒着的时候一直在画设计草稿，甚至在办公室打地铺，光是图纸就画了几十幅。

功夫不负有心人，大项目终于获得巨大成功，公司一举成名。晓东也从完全听从老板的指挥，发展到可以把自己的设计理念融入作品，甚至开始带团队独立完成作品。

无论是公寓、酒店，还是大桥、公园，晓东认真对待每一个作品，把百分百的热情投入工作中，不放过任何细节，始终能保质保量地完成任务，并不断开拓创新，一点点改变城市的天际线。

不工作时，晓东喜欢去大学里旁听，到图书馆看书学习，在生活中主动留意其他建筑寻找灵感，不断充实自己；每周末必须抽时间打网球、跑步等，始终保持良好的体魄。

随着晓东的作品越来越多，他的知名度越来越高。他先后搬了几次家，越搬环境越好，离梦想越近一步。终于有一天，他搬进了半山公寓，实现了自己的梦想。

都说优秀是一种习惯，习惯要靠平时一点一滴地养成，从任何时候开始都不算晚。优秀从来不是某些人的特权，只要从现在开始改变自己，每个人都能变得优秀。

追求卓越，是每个人在自我发展道路上必须做的，也是因应激烈竞争的必然要求。超越自我，才能在职场上如鱼得水，在生活中丰富精彩，在人生里熠熠生辉。

卓越来自自信和自律，越自律越自信，越自信越自由；卓越同样来自责任感和用心，将责任根植于心，用心做好工作和生活中的每件小事。

平时注意保持清醒的头脑，培养时间的感知能力，充分利用每一分钟，不要让偷懒和懈怠占据生活的大部分。

改变就在不知不觉中，却快到超乎你的想象。

在自信自律中变得优秀，在告别拖延中走向高效，在追求卓越中成就不平凡。现在，行动起来吧，路就在脚下，用不了多久，你也能成为梦想中的样子，成为别人眼中那颗最闪耀的星。

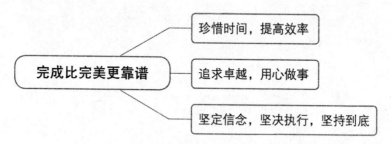

完成比完美更靠谱

- 珍惜时间，提高效率
- 追求卓越，用心做事
- 坚定信念，坚决执行，坚持到底

✔ 克服拖延小贴士：

1.珍惜时间，提高效率。平时注重培养时间的感知能力，不懒散、不懈怠、不拖延，不把时间浪费在无意义的事情上。

2.追求卓越，用心做事。在生活中用心做好每件小事，不断提升综合能力，让自己成为优秀的人。

3.坚定信念，坚决执行。始终坚信自己可以克服拖延，遇事要勇于面对，不逃避；提升执行力，在成就不平凡之前不轻言放弃。